現代乳酸菌科学

未病・予防医学への挑戦

杉山政則 [著]

コーディネーター　矢嶋信浩

KYORITSU
Smart
Selection

共立スマートセレクション
4

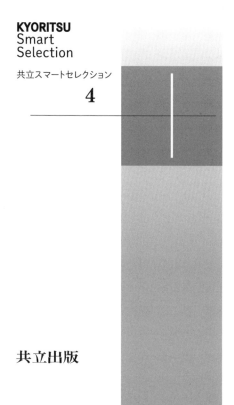

共立出版

まえがき

　世界一の長寿大国となった日本，その後も寿命の延伸は続いている．ところが，2013年時点で1人の女性が産んだ子どもの数は1.4人と，世界ランクではドイツや韓国と同じ179位にあり，出生率の低さが深刻な社会問題となっている．少子化対策をすぐにでも講じない限り，日本は活力の乏しい社会になってしまう．それに加え，人間同士の信頼関係が希薄で，かつ，情報過多な現在の社会構造はストレスや不安を生じさせ，それが原因で体調不良を訴える人々が増えている．そんな社会現象に沿うかのように，精神神経科外来や心療内科クリニックが増加している．事実，心の重荷を軽くすべくカウンセリングを受け，ときに向精神薬の助けを借りる人たちは多い．ストレスのおもな原因の1つは家族や職場での人間関係にあるとの説がある．このような社会構造の中で，「老い」をどのように過ごすかを真摯に自己に問いかけるとき，周囲に相談できる人がいなければ，不安と漠然とした恐怖が脳裏をかすめてしまうだろう．

　近年の革新的医薬の開発と医療技術の進歩が功を奏し，幸いにも寿命は延び続けている．ただし，要介護では周囲の人に負担をかけることとなり，QOL（Quality of Life）の向上や充実した日々を過すことは難しい．人々にとって元気で長生きすることが一番の願いであり，「健康寿命をいかに延ばすのか」が，私たちに課せられた最優先のテーマであろう．では，いかなる手段でそれを実現するのか？

　わが国では，健康志向の高まりとともに，食事内容を見直しつつ

健康サプリメントを併用することで健康維持を図る人々が増えてきた．そのお陰で，「乳酸菌」に関する知識もかなりハイレベルなものになっている．「乳酸菌の印象は？」との問いに，「便通改善に良い，安全だ，健康的」などと，爽やかでクリーンなイメージを抱く人は多い．乳酸菌やビフィズス菌の研究が進んだ成果として，「経口摂取した乳酸菌は腸管に運ばれてビフィズス菌の生育を促す結果，腸内のビフィズス菌数が増加するので，腸内細菌叢に占める有害菌の割合が相対的に減ってくる」との考え方が受け入れられている．換言すれば，まさに乳酸菌は，腸内細菌叢のバランスを良い方向に導くのに有効であるとの考え方である．さらに近年，「腸内細菌叢のバランスが悪い方向に傾くと，肥満や精神疾患が誘発される」との驚くべき発見がなされ，ついに微生物と脳科学が結びついて議論されるようになった．

　本書は，乳酸菌が関与するエポックメーキングな話題を盛り込んで執筆した．特に，腸内細菌叢と肥満や神経疾患との関係に触れることで，これからの乳酸菌科学は，脳科学にも及ぶであろうことを記述した．また，著者らの研究グループが，特に「脂肪肝の改善や体内脂肪の蓄積抑制」に有効な植物由来乳酸菌を見いだしたことに触れ，メタボリックシンドロームの予防改善に向けた乳酸菌研究を紹介する．さらに，アルコールの飲み過ぎで肝炎になると，血中の γ-GTP 値が高くなるが，最近，その値を有意に低下させる乳酸菌を著者らの研究グループが発見した．これらの保健機能性に優れた植物乳酸菌を薬やサプリメントとして用い，「肝臓機能」の低下を予防改善したいと著者は切に願っている．

　ところで，最近，新聞報道や健康サプリメント商品のTVコマーシャルを通じて，「未病」という言葉が頻繁に聞かれるようになった．「未病」は東洋医学の用語であり，「病院での検診で健康に異常

があるとまではいえないが，そうかといって元気であるともいえず，このまま放置すると，必ず病気になるだろうと予測される健康状態のこと」を指す．すなわち，病気の一歩手前の体調が「未病」である．植物乳酸菌を利用して未病から脱出したり，腸内細菌叢の改善を図ることを通じて健康寿命が延伸できれば，乳酸菌研究者としてこの上ない喜びである．

　本書は，著者の研究グループの研究成果を整理するために，広島大学出版会から平成24年に刊行した単著「植物乳酸菌の挑戦」を基に，他の研究者を含めたその後の研究成果や腸内細菌の話題を追記，「未病・予防医学への挑戦」と副題をつけて，健康長寿社会の実現をめざす「現代乳酸菌科学」を紹介する．

平成27年10月吉日

杉山政則

目　次

序　章 …………………………………………………………………… 1

① 腸内細菌叢 ……………………………………………………… 6

 1.1　腸内細菌叢とは何か？　9
 1.2　生きた腸内細菌はなぜ排除されない？　12
 1.3　腸内細菌科細菌の環境への順応性　13
 1.4　腸管内に住むクロストリジウム　14

② 肥満と精神疾患と腸内細菌叢 ………………………………… 16

 2.1　肥満と肥満遺伝子　16
 2.2　肥満にかかわる腸内細菌　18
 2.3　自家中毒説　20
 2.4　不安やストレスが病気を引き起こす　21
 2.5　腸内細菌叢の精神疾患へのかかわり　24
 2.6　腸内細菌と糞便移植　25

③ 乳酸菌の種類とその特徴 ……………………………………… 28

 3.1　乳酸菌と不老長寿の関係　28
 3.2　乳酸発酵と乳酸菌の発見者　30
 3.3　さまざまなタイプの乳酸菌　33
 3.4　ヨーグルトとチーズの食文化史　42

④ 乳酸菌のゲノムを覗く ………………………………………… 49

 4.1　乳酸菌ゲノムの特徴　50
 4.2　乳酸菌が保有するプラスミド　56

4.3　クオラムセンシング機構　61

5　植物乳酸菌の驚異 …………………………………………… 65
5.1　乳酸菌摂取によるビフィズス菌の増殖促進効果　67
5.2　植物乳酸菌は胃液と胆汁酸での生存率が高い　68
5.3　植物乳酸菌は免疫賦活化活性が高い　68
5.4　植物乳酸菌が活躍する日本酒製造　71
5.5　東洋医学における病気のとらえかた　73

6　東洋の食文化と乳酸菌 ……………………………………… 77
6.1　糠漬け乳酸菌　78
6.2　キムチの機能性と乳酸菌　80
6.3　醤油と乳酸菌　82
6.4　日本型食生活の今後　83

7　乳酸菌の医薬・医療への挑戦 ……………………………… 85
7.1　肝機能を改善する植物乳酸菌〜ヒト臨床試験による評価〜　86
7.2　わが国の三大疾患　89
7.3　高血圧疾患の現状　91
7.4　GABAを大量につくる植物乳酸菌　93
7.5　GABAをつくる生物学的意義　94
7.6　植物乳酸菌による脂肪肝の改善と肥満対策　96
7.7　感染症に有効な薬をつくる植物乳酸菌　100
7.8　乳酸菌のつくる細胞外多糖　105
7.9　保健機能食品制度と乳酸菌　108
7.10　乳酸菌サプリメント　109
7.11　機能性表示食品制度　110
7.12　高活性化NK細胞免疫療法　112

終　章 ………………………………………………………………… 114

参考図書・文献……………………………………………………119
乳酸菌―この魅惑的隣人の謎を解き明かす（コーディネーター：
　矢嶋信浩）……………………………………………………122
索引…………………………………………………………………129

序　章

　著者は工学部から薬学部に移籍してすでに25年を超え，その間ずっと自らの研究成果を医薬品の創出や医療につなげたいとの思いで過してきた．2012年7月に公表された日本政策投資銀行の報告書「創薬を中心とした医薬品産業の現状とバイオベンチャー発展に向けて」によると，世界の医薬品産業は，2008年の67兆円から2010年は86兆円までその規模が拡大し，今後も巨大市場が見込める成長分野であると予測されている．その中で日本の市場規模は7兆円程度であるものの，現実には内需中心の産業構造で，かつ，大幅な輸入超過となっているとも述べている．事実，医薬品分野では，世界市場を拡大するため市場獲得と開発競争がかなり激化しており，欧米では医薬品の開発と海外市場の拡大を国策として全面的に支援している．特に，アジアや中南米の新興国などが魅力的な医薬品市場として注目されているが，わが国では外資系製薬企業が相次いで撤退し，かつ，国内製薬企業の探索・創薬研究所も減少しているのが現状である．その結果，外国企業からの医薬品の導入率は50％を超えている．

　統計的には少し古くなってしまったが，米国ではFDA（食品医薬品局）が1998年から2007年の10年間に承認した252品目の新薬のうち，117品目が優先審査の対象となる革新的医薬品で，大学発の創薬は6割を超えている．すなわち，米国における革新的医薬品の過半数以上は大学の研究シーズによるものである．これに対して日本発の新薬は23品目であり，大学の研究成果に基づくものは

たった4品目しかない．このように，日本では大学発の研究成果が創薬にほとんど結びついていない．そこで，国内医薬品産業の発展に向けて，2013年，厚生労働省は「革新的医薬品の創出戦略」を策定した．

ところで，小泉内閣の時代，中央教育審議会は，「我が国の高等教育の将来像」を答申し，大学は地域と積極的に連携することで，研究成果を大学の教育研究活動に活かしてほしいと訴えた．これは，大学の本来の使命である「教育と研究」に加えて，「社会貢献」を第3の使命として掲げるべきであるとの意見である．では，大学における社会貢献とは何か？　端的にいえば，大学の研究成果を地域社会に還元し，地域の人々の雇用や経済の活性化につなげることである．文部科学省は，その施策として「知的クラスター創成事業」を立ち上げ，産学官連携で地域の経済と産業を活性化するためのプロジェクト研究を公募した．広島県が提案した「広島バイオクラスター」構想は2002年に採択され，醸造副産物（酒粕）を少量加えるだけで乳酸菌が爆発的に増えることを見いだしていた著者は，その基礎研究と植物由来乳酸菌の有効利用技術開発を目標とする提案を行った．それは幸いにも採択され，2003年4月に「杉山プロジェクト」が発足した．以来，2011年3月まで，文部科学省の知的クラスター創成事業を始め，経済産業省の地域資源活用型研究開発事業，文部科学省の都市エリア産学官連携促進事業などの大型プロジェクト研究を順次実施し，乳酸菌や麹菌に代表される「プロバイオティクスおよびプロバイオティクスがつくる機能性分子」を利用して「生活習慣病の予防改善と感染症の克服」をめざした研究を推進してきた．実施にあたっては，研究対象とする乳酸菌は植物から探索分離したものに特化した．なぜなら，従来の乳酸菌研究は，ヨーロッパを中心に，もともとは腸管内にいた，いわゆる動物由来の

乳酸菌（動物乳酸菌と呼ぶ）を用いて行われてきた．わが国でも，「ヒトにはヒトの乳酸菌」と称して，大手乳業企業はこぞってヨーロッパと同様の動物乳酸菌を対象としてきた．著者は，動物乳酸菌では研究競争に勝てないと判断し，自然界から探索分離した植物乳酸菌に特化し，その保健機能を戦略的に研究しようと模索した．その研究成果として，脂肪肝の改善と体内脂肪の蓄積抑制に有効な植物乳酸菌 LP28 株や，アルコール性肝炎の指標となる γ-GTP 値を下げるのに有効な植物乳酸菌 SN13T 株を取得することに成功した．現在，これらの乳酸菌をそれぞれ活用した創薬および医療への応用をめざした実用化研究を推進している．さらに，病原性細菌の毒素産生能を阻害する物質を植物乳酸菌の一種がつくることも見いだしている．この物質は，病原菌の増殖を阻害するわけではないので，いわゆる薬剤耐性菌も出現しない．これは，抗生物質に代わる「次世代感染症治療薬」としての利用が期待できる．

　さて，21 世紀は，病気にかかってから治すのではなく，病気にならないよう行動することが重視される時代である．すなわち，現代を生きる私たちは予防医学に力を注ぐべきと考える．ただし，現実には，日本の医療費は，1978 年度に 10 兆円であったが，90 年度に 20 兆円，99 年度に 30 兆円を突破，その後も右肩上がりに医療費が増加し，2014 年度はなんと 40 兆円に達したのである［日本経済新聞，2015 年 9 月 20 日］．そうしたなか，乳酸菌の健康を保つ機能がプロバイオティクス（probiotics）効果として注目されている．プロバイオティクスとは，「ヒトの健康に有益な働きをする生きた微生物」のことである．「腸内細菌叢を改善し」という言葉が，上記定義の前部分に付け加えられることもあり，研究者によってその考え方に少しずつ違いがある．ただし，乳酸菌は代表的なプロバイオティクスの 1 つであることに間違いはなく，ヨーグルトや乳酸

菌発酵飲料は手軽にプロバイオティクスを摂取できる食品といえる．ちなみに，著者としては，酵母や麹菌も人の健康に役立つことからプロバイオティクスのカテゴリーにぜひ入れたいと考えており，あえてその定義の中から「腸内細菌叢を改善し」を削除している．

地球にはさまざまな能力をもった微生物がいる．ポリペプチド性の抗菌物質，いわゆる「バクテリオシン（bacteriocin）」をつくる乳酸菌もその例である．乳酸菌が抗菌物質をつくるという現象が発見されて以来，食品会社や製薬企業は乳酸菌のつくるバクテリオシンに強い関心を示している．その理由として，バクテリオシンはおもに乳酸菌がつくる抗菌物質で，ヒトの体内に入ると食物消化酵素で容易に分解されるので，ヒトに対する安全性が高い．すなわち，バクテリオシンは安心安全な食品保存料や抗菌剤として利用できる可能性を秘めている．杉山プロジェクトでは，腐敗細菌や敗血症の原因菌に有効な，バクテリオシン生産性植物乳酸菌をいくつか取得している．

著者は，植物乳酸菌に関する一連の研究から，植物乳酸菌は動物乳酸菌に比べ，勝るとも劣らない保健機能性を有することを証明してきた．現在，必要に応じて，ライブラリーとして維持している植物乳酸菌を対象に，それらがつくる保健機能性分子のスクリーニングを実施している．それと同時に，将来への利用を踏まえ，保健機能性の高いと思われる乳酸菌に関しては，急性毒性や変異原性などを指標とする安全性調査を実施している．これまで，植物乳酸菌の新規発酵技術に関する特許やノウハウ技術を地域企業へ技術移転することで，産学連携でいくつかの植物乳酸菌関連の製品を創出してきた．

乳酸菌研究の社会的波及効果に関する個人的な例を１つ挙げるとすれば，著者のライフワークとなっている抗生物質をつくる微生物

としての「放線菌」の基礎研究の話にまったく興味を示さなかった妻が,植物乳酸菌から生まれたヨーグルトが商品化されてからは,「少しは社会に貢献している」と認識してくれるようになったことである.研究者として,乳酸菌の基礎研究と実用化のための開発を通じて,乳酸菌,特に植物乳酸菌を未病改善や予防医学に利用していきたいとの強い思いをもっている.

① 腸内細菌叢

 腸管内で生息しているビフィズス菌や乳酸菌は,ヒトの健康維持に有益な働きをしている.感染症の原因菌はヒトに対して明らかに有害であるが,ビフィズス菌や乳酸菌は,良い意味でヒトとの共生関係を維持し続けている.良好な共生関係を築くに至った理由を挙げるとすれば,ヒトが生きるために必要なエネルギーの獲得に腸内細菌の存在が必要だからである.たとえば,ヒトは食物繊維を消化するための酵素をもたないが,腸管内には食物繊維を嫌気的に分解して脂肪酸に変換する細菌がいる.すなわち,その細菌がつくったこの脂肪酸をヒトは腸管を介して吸収し,エネルギーとして利用しているのである.一方,腸内細菌側からすれば,ヒトと共生することで良好な生育のための十分な栄養と酸素の少ない環境を得られるというメリットがある.

 エネルギー獲得のために腸内細菌が重要であるとの考え方は,腸内細菌叢が欠如している無菌マウスに高カロリー食を与えても,体重増加がほとんど認められないとの観察から見いだされた.腸内細

菌の重要性が認識されて以来,腸内細菌叢と「肥満」,「メタボリックシンドローム」,「糖尿病」,「脂肪肝」などとの関連性を検証するための研究が盛んに行われている.

　乳酸菌が,ヨーグルト,チーズ,漬物などの製造に不可欠な細菌であり,整腸作用にも有効であることはよく知られている.ビフィズス菌も乳酸を産生し,整腸作用では乳酸菌と同じ働きを担うので,ビフィズス菌を乳酸菌の仲間として論ずる研究者がいる.しかしながら,分類学ではビフィズス菌と乳酸菌は明らかに異なる細菌として分けている.ビフィズス菌は,むしろ放線菌(Actinomycetes)に近い「ビフィドバクテリウム(*Bifidobacterium*)」に属している.乳酸菌は「多量の乳酸をつくる細菌」の総称で,細胞形態は球菌(coccus)タイプ,もしくは桿菌(rod)タイプに分かれるが,ビフィズス菌はY字やV字型に分岐した独特の細胞形態をとっている.ちなみに,「ビフィズス」とはラテン語で「分岐」という意味である.

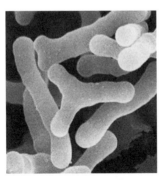

図1-1　ビフィズス菌

　乳酸菌は,酸素があっても生育できるが,酸素の少ないほうが生

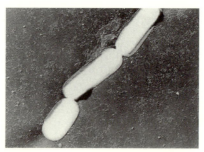

図 1-2 ウエルシュ菌の走査型電子顕微鏡写真
(国立感染症研究所感染症情報センターのホームページより)

育には適している．この性質を「通性嫌気性」と呼んでいる．一方，ビフィズス菌は「偏性嫌気性」細菌であり，酸素があると生育できない．乳酸菌の中には，乳酸のほか，エチルアルコール，酢酸，炭酸ガスなどをつくるものもいる．他方，ビフィズス菌も乳酸をつくるが，糖の代謝経路は乳酸菌とは異なり，2分子のグルコースから乳酸2分子と酢酸3分子をつくるほか，ビタミンB群，葉酸などを産生する．

発酵製品のなかでは生きていても，乳酸菌は口から摂取して食道を通過したあと胃酸や胆汁酸に接触するので，ほとんどの種類の乳酸菌は死んでしまう．これらの酸に耐性を示す乳酸菌や死んでしまった乳酸菌はいずれも腸管へ運ばれ，ビフィズス菌の増殖に影響を与える．乳酸菌の摂取が功を奏して，腸内細菌叢に占めるビフィズス菌の割合が高まれば，有害菌の腸内細菌叢に占める割合が減少するが，乳酸菌が生きて腸まで届くほうがビフィズス菌の増殖に有利か否かはよくわかっていない．腸管内にいる，ウエルシュ菌（*Clostridium perfringens*：図1-2）に代表される有害菌は，インドール，アンモニア，フェノールなどの発癌性物質を生成するが，ビフィズ

ス菌が増えてウエルシュ菌の菌数が減少すれば，当然ながら，健康に良い影響を与える．これが乳酸菌にはヘルスケア効果があるといわれる由縁である．近年，腸内細菌叢のバランスが悪くなると，肥満や精神疾患が誘発されるとの驚くべき発見がなされた．

1.1 腸内細菌叢とは何か？

　腸管内は十分に栄養が供給されるので，細菌には恰好の住処である．腸管内に生育する常在菌は，ヒトが消化できない成分をも栄養素として利用している．そこには1,000種類を超える細菌が，総計で100兆個以上生存していると推測されている．さらに，腸管内には試験管で培養困難な細菌も存在するので，腸内細菌叢を形成する菌の種類はさらに多いものと思われる．腸内細菌を集団としてとらえることを「腸内細菌叢」と呼び，その集団を花畑に見立て「腸内フローラ」と呼ぶこともある．

　乳酸菌と腸内細菌叢に関する研究は1950年代に開始された．動物でもヒトでも，その腸内には，ビフィズス菌のほか，ラクトバチルス（*Lactobacillus*）属や，エンテロコッカス（*Enterococcus*）属の乳酸菌が住んでいる．他方，ウエルシュ菌，黄色ブドウ球菌（*Staphylococcus aureus*），毒素産生性大腸菌（toxin-producing *Escherichia coli*），緑膿菌（*Pseudomonas aeruginosa*）などの悪玉細菌のほか，バクテロイデス（*Bacteroides*），ユウバクテリウム（*Eubacterium*），嫌気性グラム陽性連鎖球菌（*Peptostreptococcus* spp.），酪酸菌（*Clostridium butyricum*）なども腸管内を住処としている．善玉菌はヒトの健康維持に貢献し，悪玉菌は身体に害を及ぼすとされ，乳酸菌やビフィズス菌は善玉菌グループに属している．その善玉菌と悪玉菌が一定のバランスで腸内に住みつき，その中間にある細菌も加わって，そのヒトに固有な腸内細菌叢が形成されて

いる．人間にとって有益か有害かで判断するのであれば，善玉菌は「有益菌」，悪玉菌は「有害菌」と呼ぶほうが適切なのかもしれない．

口から摂取した食物は，食道，胃を経て十二指腸などの小腸上部に到達し，栄養分が吸収されながら大腸を通過し，直腸へと送られる．このため，消化管の場所によって栄養分に違いが生じる．また，消化管に送り込まれる酸素濃度は低いうえに，腸管上部で生育する腸内細菌は呼吸して酸素を消費するため，下部に進むほど腸管内の酸素濃度は低くなる．そして，大腸付近ではほとんど酸素がない環境となる．これを「嫌気」状態と呼んでいる．このように，同じ腸管内でも，厳密には小腸から大腸に至るまでの場所によって栄養や酸素濃度が異なるので，腸内細菌叢を構成する細菌の種類と比率は，腸管部位によって明らかに違っている．腸内細菌数は小腸の上部では少なく，通性嫌気性菌（酸素があっても発育するが，酸素がないほうが生育が良い菌）の占める割合が高い．また，腸管下部に向かうにしたがって細菌数は増加し，酸素のない環境に適した腸内細菌（これを偏性嫌気性菌と呼ぶ）が主流となっていく．

腸管内にいる乳酸菌は，ビフィズス菌の1/1,000以下であり，まったく検出されないヒトもいる．赤ちゃんが誕生して初めて排泄する便は無菌であるが，2〜3時間後には腸内に大腸菌（*Eshcrichia coli*）や腸球菌が生育している状況となる．生まれた次の日には，総菌数が便1gあたり1,000億個以上にも達すると推測されている．3日後にはビフィズス菌が出現しており，それが腸内細菌叢の9割以上を占めるようになる．その際，有害菌である大腸菌毒素産生株，腸球菌，ブドウ球菌，中間菌であるバクテロイデスなどは，ビフィズス菌数の1%程度に抑えられており，生後7日目でその赤ちゃん特有の腸内細菌叢が完成する．ところが，離乳食を摂るようになると，それまで優勢であったビフィズス菌が減少し始め，バクテロイ

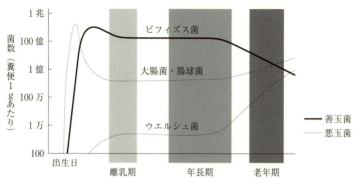

図1-3 加齢にともなうビフィズス菌の変化
(出典：光岡知足「腸内細菌の話」，岩波新書より改変)

デス優勢の成人型になっていく．晩年には，腸内細菌叢のバランスが崩れてビフィズス菌が著しく減少，それに代わってウエルシュ菌の検出率が増加するとともに，乳酸桿菌（*Lactobacillus*）や大腸菌数も増えてくる．ちなみに，ウエルシュ菌はガスを発生させる「通性嫌気性細菌」で，「芽胞」を形成するという特徴をもっている．その中でも毒素産生株は食中毒の原因菌として知られている．食品の保存温度がウエルシュ菌の増殖の適正温度になると，芽胞が発芽し，食物とともに腸管まで運ばれて「栄養細胞」になる．その細胞が芽胞細胞へと移行するときに産生される毒素が下痢症状を引き起こす原因となっている．

このように，年を重ねるにしたがって腸内細菌叢も確実に変化していく（図1-3）．若い人でも過度のストレスを受けるとウエルシュ菌は増加するが，反対にビフィズス菌数が減少して高齢者とほぼ同じ腸内細菌叢になってしまう．一方，食物繊維を多く含む食事を積極的に摂取すると，ユウバクテリウムとビフィズス菌の菌数が増える．また，感染症の治療薬である「抗生物質」を汎用すると，そ

の薬剤に感受性を示す腸内細菌は死んでしまうので，腸内細菌のバランスが変化してしまうことが多い．

1.2 生きた腸内細菌はなぜ排除されない？

病原細菌が感染すると，人間に本来備わっている免疫システムが働いて，異物として病原体を排除しようとする．このように自己と非自己（異物）を見分けるシステムが「免疫」である．免疫担当細胞の70%は腸管内にある．腸管内には100兆個を超える細菌が存在し，それぞれのヒトに固有の腸内細菌叢が形成されている．すなわち，人間と細菌との共生関係が腸管内で成立している．では，なぜ，腸内細菌は免疫システムによって排除されないのであろうか．その理由としては，腸内細菌は人間の腸粘膜や腸粘液と共通の抗原をもっているからである．すなわち，腸内細菌の表面にある抗原は，ヒトの免疫システムでは異物として認識できないほど，宿主（人間）のものと類似している．当然，抗原が似ていれば，免疫システムは異物としては認識できず，したがって排除されることはない．

一方，ヒトに対して整腸作用や免疫賦活作用を示すためには，乳酸菌が腸管内に一定期間留まり，そこで増殖するほうがよいと考えられる．別の言葉でいえば，付着能の低い乳酸菌は糞便とともに速やかに体外へと排泄され，ヒトへの有益な作用は一時的なものになってしまう．したがって，乳酸菌の腸管への付着能力はプロバイオティクス効果を評価するための重要な要素といえる．ただし，現時点で腸管内に留まるメカニズムは詳細にはわかっていない．

経口摂取され，腸管まで達した乳酸菌は，腸管上皮細胞の表面にあるムチン層に付着すると考えられている．最近，腸管ムチンへの乳酸菌の付着に，乳酸菌の表層で発現するグリセルアルデヒド3-リン酸デヒドロゲナーゼ（GAPDH）が関与しているのではないか

との報告がなされた．口腔内にいる病原細菌が GAPDH を保有しているほか，乳酸菌でも報告されている．ムチンは高分子の糖タンパク質であり，その高分子全体の 50〜80% が糖で占められている．そこで，乳酸菌の表面に存在する GAPDH がムチンの糖鎖を認識し付着するのではないかと推測する研究者がいる．さらに，ラクトバチルス・ラムノーサス（*Lactobacillus rhamnosus*）GG の菌体表面には，GAPDH のほかにホスホグリセレートキナーゼが発現していること，ならびにラクトバチルス・プランタルム（*Lactobacillus plantarum*）LA318 の菌体表面で GAPDH が高発現していることや，同じ菌種の LM3 株ではエノラーゼも発現していることが見いだされ，これらのタンパク質も付着性にかかわっているものと示唆されている．さらに，乳酸菌体の表面でリポテイコ酸も発現していることから判断すると，GAPDH のみで腸管ムチンへの付着性を論ずるのは難しいといえる．

1.3 腸内細菌科細菌の環境への順応性

2014 年 11 月 28 日の科学新聞は，「腸内細菌科細菌が腸内と体外の環境変化に順応するメカニズム」を理化学研究所の横山茂之上席研究員を含む研究グループが解明したと報じた．具体的には，細菌感染症の半数はサルモネラ菌，赤痢菌，クレブシエラ菌，ペスト菌などの腸内細菌科細菌によって引き起こされる．これは，「腸内の嫌気環境」と「体外の好気環境」のいずれの環境でさえ増殖できるという，通性嫌気の性質を腸内細菌科細菌がもつことに起因している．ただし，多くの微生物はどちらかの環境でしか生きられないのが一般的である．

腸内細菌叢の 95% を占める偏性嫌気性細菌は体外では生きられないため，感染性はない．それに対し，腸内細菌科細菌は腸内のみ

ではなく,土壌や下水の中でも生育できるため,宿主間を移動することが可能である.その結果,腸内細菌科細菌は,体力や免疫力が落ちたヒトに対して日和見感染や旅行者下痢症などを引き起こす条件付病原菌として感染できるほか,深刻な偏性病原菌として頻繁に感染することもできる.そのため,腸内細菌科細菌が腸内と体外の環境変化にどのように細胞機能を順応させているかを知ることは有用な研究テーマとなっている.

先述した理研のグループは,腸内細菌科細菌が,異常タンパク質を分解する機能をもつ「Lon プロテアーゼ」に着目した.その研究成果として,腸内細菌科細菌の Lon プロテアーゼは,分子内の 2 つのシステイン残基間でジスルフィド結合を形成するが,他の生物種のそれには見られない.彼らは,腸内細菌科細菌の Lon プロテアーゼの可逆的なジスルフィド結合が,その酵素活性を調節する「酸化還元スイッチ」であることを突き止めた.腸内細菌科細菌の Lon プロテアーゼ活性は,嫌気環境では低いが,好気環境では高くなる.この機構により,Lon プロテアーゼ酵素が最適化されることで,腸内細菌科細菌の細胞が,嫌気条件と好気条件のいずれの環境でも増殖することができることを明らかにした.

ちなみに,ヒトや動物の腸内細菌の大部分は,腸内細菌科以外の偏性嫌気性細菌によって構成されており,腸内細菌科に属する菌数が占める割合は 1% にも満たない.ヒトの糞便には 1 g あたりの細菌数は 100 億〜1,000 億といわれているが,このうち 100 万から 1 億が腸内細菌科細菌である.それ以外の細菌として,バクテロイデス属やユーバクテリウム属などの偏性嫌気性菌が占めている.

1.4 腸管内に住むクロストリジウム

Clostridium (*C.*) *butyricum* は芽胞を形成する偏性嫌気性の細

菌であり，10～20％のヒトの腸管内に常在している．*C. butyricum* MIYAIRI 558 は，1933 年に千葉医科大学衛生学教室（現千葉大学医学部）の宮入近治博士が見いだした「腐敗菌に強い拮抗作用がある酪酸菌」で，種々の消化管病原体に対しても拮抗作用を有し，ビフィズス菌や乳酸桿菌と共生することで整腸効果を発揮する．

　2015 年，慶応大学医学部の吉村昭彦教授の研究グループは，*C. butyricum* MIYAIRI 588 を餌に添加してマウスに摂食させると，免疫のコントロールに重要な制御性 T 細胞が増加する結果，腸炎が改善されることに着目した．その制御性 T 細胞の増加機構を詳しく調査したところ，MIYAIRI 588 株が保有する細胞壁成分のペプチドグリカンが，白血球の一種である「樹状細胞」を活性化することで，「トランスフォーミング増殖因子-β：TGF-β」と呼ばれる，免疫抑制機能をもったタンパク質を増加させることを見いだした．すなわち，TGF-β の増加により，制御性 T 細胞が誘導され，その結果として，炎症が抑えられることにつながる．したがって，MIYAIRI 588 株の摂取により，潰瘍性大腸炎やクローン病の予防改善効果が期待できるかもしれない [1-1]．

肥満と精神疾患と腸内細菌叢

2.1 肥満と肥満遺伝子

 肥満は，高血圧，動脈硬化，糖尿病といった生活習慣病のリスクファクターであることは，国民の間でよく知られるようになった．ただし，わが国の肥満者数は増加の一途をたどっており，肥満の発症メカニズムの解明と治療法の開発は臨床医学や創薬科学の重要な課題となっている．肥満の発症に関しては，環境的な要因と遺伝的な要因のそれぞれが報告されており，両者があいまって肥満の原因となっている可能性が高い．

 米国ジャクソン研究所のコールマン博士は，1960年代の後半に，ob/obマウスと名付けられた「遺伝子の変異が原因で肥満になったマウス」に正常なマウスの血液を輸血すると，肥満マウスの過食が抑えられることを発見した [2-1]．そのことから，彼は，ob/obマウスには食欲を抑える物質が欠けているのではないかと推測した．このob/obマウスは，いくら食べても食欲が落ちずに食べ続けて

しまう.ちなみに「ob」はobese（肥満になった）という語句に由来している.その後の研究で,米国のフリードマン博士は,1994年,食欲を抑える物質は「レプチン」であることを明らかにし,レプチンをつくるob遺伝子も見いだした［2-2］.フリードマン博士の実験から,レプチンが正常に働かないマウスは肥満になることはわかったものの,ヒトでは完全には証明されていない.レプチンには褐色脂肪細胞を活性化させて余分なエネルギーを放出させる働きがあり,レプチンが正常に働いている限り肥満にはならない.反対に,肥満のヒトはレプチンに対する感受性が低下しているために,食欲を抑制することが難しいと考えられている.

病的な肥満では体内でつくられるレプチンタンパク質の構造がob/obマウスのものと似ていることが確認された.脂肪細胞には2つのタイプがあって,エネルギーの貯蔵庫として働く白色脂肪細胞と脂肪を燃焼させる機能を有する褐色脂肪細胞である.太りやすいヒトでは褐色脂肪細胞の働きが悪いと考えられる.

レプチンの発見当時は,その物質が肥満の治療薬として有効であるとの期待が込められていたが,肥満者にレプチンを投与しても効果のないことがわかり,その後の研究で,肥満者の多くはレプチン抵抗性であるとの説が打ち出された.それを検証すべく,レプチン抵抗性のメカニズムの解明が盛んに行われるようになってきた.最近,小胞体ストレスがレプチン抵抗性の原因であるとの考え方が提唱されている［2-3］.ちなみに,小胞体は,タンパク質の折り畳みを担う細胞内小器官（オルガネラ）で,細胞にストレスがかかると小胞体の機能が正常ではなくなり,不完全な折り畳みをもったタンパク質が生じてしまう.これが小胞体ストレスと呼ばれる.小胞体ストレスは神経変性疾患,糖尿病,癌などのほか,肥満の発症にもかかわっていると思われている.

広島大学薬学部の細井 徹准教授の研究グループは，通常，解熱・鎮痛のために使用する治療薬フルルビプロフェンを高肥満マウスに投与すると，肥満が抑制されることを見いだした [2-4].

他方，九州大学の心療内科の須藤信行教授は，摂食障害に悩む人の場合，極度の低体重時に十分なカロリーを摂取していても体重増加が認められないのは，なんらかの外的要因で栄養吸収効率が落ちている可能性があり，その要因として「腸内細菌と栄養摂取との関係説」を提案している．

2.2 肥満にかかわる腸内細菌

シンシナティー大学の研究チームは，腸内細菌叢と肥満との間に密接な関係のあることを発見し，"Physiology: Obesity and gut flora" と題して，2006年，英国の科学雑誌 Nature に発表した [2-5]．また，同じ号にワシントン大学のゴードン博士の率いる研究チームが "Microbal ecology: Human gut microbes associated with obesity" と題した論文を発表している [2-6]．これらを総合して記すと，ヒトやマウスの腸管内にはバクテロイデテス門（Bacteridetes）やフェーミキュテス門（Fermicutes）などがいるが，ファーミキュテスと肥満との間に密接な関係があることがわかった．さらに，肥満マウスと痩せたマウスとで，バクテロイデテスとファーミキュテスの腸内細菌叢に占める割合を比較したところ，肥満マウスの腸管内は，ファーミキュテスの占める割合がバクテロイデテスに比べ高いことがわかった．この現象はヒトの場合でも同じで，肥満の人はバクテロイデテスが少なかった．ちなみに，バクテロイデテス門は約20の属から構成されている．さらに，肥満マウスの食餌を制限して痩せさせたところ，バクテロイデテスが増加し，反対にファーミキュテスが減少した．次に，無菌マウスに肥満マウスの腸内細菌

叢を接種してみた．対照として，痩せたマウスの腸内細菌叢を接種し，両者でマウスの体重がどのように変動するのかを検証した．その結果，無菌マウスに肥満マウスの腸内細菌叢を接種すると体重が47％増加したのに対し，痩せたマウスのそれを接種した場合の体重増加率は27％ほどであった．

以上の実験結果から，「バクテロイデテスが減り，ファーミキュテスが腸内細菌叢で優勢になると，食餌からのカロリー回収率が上昇し，それが体重増加につながる」と結論された．この論文から判断すると，肥満の人にはファーミキュテスが多く，痩せた人の腸管はバクテロイデテスが優勢であると推測される．したがって，現時点で，ファーミキュテスは，肥満者にとって有害菌といえるかもしれない．いずれにしても，肥満気味なヒトと痩せ型のヒトとでは，腸内細菌叢を形成する特定の細菌数に大きな違いがある．

ちなみに，乳酸菌とビフィズス菌はファーミキュテス門に分類される．とはいえ，腸内細菌には未知の菌や複数菌種がそろった環境下で一定の働きをしているので，培養可能な腸内細菌だけを調べても結論が得られるか否かはわからない．さらに，腸内細菌とヒトとの間で情報交換があるのではないかと考える研究者もいる．たとえば，ストレスに弱い無菌マウスは，不安症で多動という行動現象が認められるが，この無菌マウスにビフィズス菌を与えると，落ち着くことが観察されている．

ファーミキュテス門はグラム陽性の真正細菌で，200ほどの属からなり，真正細菌の中ではプロテオバクテリア門に次ぐ多様性をもつ．ちなみに，グラム陽性菌は，ファーミキュテス門と放線菌門（Actinobacteria）とに大別され，前者はゲノムDNA中のGC含量が低いことを特徴とする．実際，DNAのGC含量は40％前後のものが多い．ファーミキュテスという名称はラテン語で「強力な」を

図 2-1　メチニコフ

表す firmus と「皮膚」を表す cutis からなる合成語であり, Firmicutes は正式な分類学用語ではない. ファーミキュテスの仲間としてはバチルス (Bacillales) 目やクロストリジウム (Clostrilales) 目が有名である. その後, 新たにベイロネラ科 (Veillonellaceae) もファーミキュテス門の仲間として加わった.

2.3　自家中毒説

19 世紀の後半から 20 世紀の初め, 老化の原因が腸内にいる腐敗細菌のつくる毒にあるとの「自家中毒説」がパストゥール研究所のメチニコフ (Ilya Ilyich Mechnikov) 博士により打ち立てられた (図 2-1). ちなみに, 自家中毒は食中毒が原因で生ずる病気ではない. 自家中毒の症状としては, 風邪にかかったように身体がだるくなり, 食欲もなく, ときに胸がムカついて周囲の人には突然の発作のように見えることもある. 緊張や精神的ストレスが続くと, その

ような発作が起きやすいことから，自律神経系の病気であるといわれている．他方，1887年，フランス人医師 Charles Bouchard は，腸内細菌のつくる有害な化学物質が，精神疾患の原因となる「自家中毒」を起こすとの講演を行っている．

このように，100年以上前に「腸の健康が精神状態をも支配する」という考え方はあった．当時，自家中毒説を支持する科学者は，「自家中毒は，胃酸の分泌が足りなかったり，腸が炎症を起こしたり，精神の興奮によっても起きる」と推察した．実際，戦争でストレスを受けた兵士に自家中毒症状が見られることも報告されている．さらに，自家中毒は腸内細菌のつくる毒素によって起こり，その毒素が鬱病や不安症などの精神的な「病（やまい）」につながっているとの説も提案された．

時は過ぎ，今まさに，「腸内細菌と精神疾患とは密接な関係がある」との考え方が復活している．以下に，「腸内細菌叢の良し悪しが精神状態にまで影響を及ぼす」との，現代科学の成果を紹介する．

2.4 不安やストレスが病気を引き起こす

ほとんどの人々は，「老後には悠久なる人生を過ごすことができる」とずっと信じて頑張っているが，今の日本では，社会保障や医療費の削減が不可避となり，それに連動して健康保険料の引上げや年金の削減などつらい現実が待っている．

ヒトは，努力しても思いどおりにならなかったり，理不尽なできごとに出合うと，ストレスを感じることが多い．ストレスが慢性化すると，次第に気分が落ち込み気力も弱っていく．この状態が解消されないままだと，やがて食欲が落ちて力が出ず，何をするにも億劫になり体調不良に陥る．この状態が2週間以上続く場合には鬱病を疑い，心を落ちつかせるために精神神経科や心療内科を受診する

ことも考えるべきである.

　人間はストレスが改善されないまま長期間を過ごすと，精神面だけでなく，身体的な病気の発症リスクも高まる．ストレスが原因で起きる疾患を以下に示す．ただし，これら疾患の原因がすべてストレスで起こるものではないことはもちろんである．日本心身医学会教育研修委員会編の「心身医学の新しい診療指針，心身医学 31 巻 57 頁（1991）」を基に作成した，厚生労働省の資料（本省ホームページに掲載）によれば，呼吸器疾患である「気管支ぜんそく，過喚気症候群」はストレスが原因で起きることがある．さらに，循環器系では「本態性高血圧症，冠狭心症，心筋梗塞」，消化器系では「胃潰瘍，十二指腸潰瘍，過敏性腸症候群，潰瘍性大腸炎，心因性の嘔吐」，内分泌・代謝系では「肥満症，糖尿病」，神経・筋肉系では「筋収縮性頭痛，痙性斜頸（けいせいしゃけい），書痙（しょけい）」，皮膚科領域では「慢性じんましん，アトピー性皮膚炎，円形脱毛症」，整形外科領域では「慢性関節リウマチ，腰痛症」，泌尿・生殖系では「夜尿症，心因性インポテンス」のほか，眼科領域では眼精疲労，耳鼻咽喉科領域ではメニエール病，歯科領域の顎関節症などもストレスが原因で起きることがある．

　ヒトは不安や恐怖を感ずると，ノルアドレナリンやドーパミンが脳内に過剰に分泌される．「ノル」は正規化合物を表す語句で，ノルアドレナリンの一部変化したものがアドレナリンであり，ストレスを受けると放出されるため「怒りのホルモン」とも呼ばれている．一方，ドーパミンには，脳を覚醒させて集中力を高め，ストレスの解消や心地よさなどの感情を生みだす働きがある．反対に，リラックスしたり，安心したときに放出される神経伝達物質がセロトニンである．この物質はアミノ酸の一種のトリプトファンからつくられるが，セロトニンが不足すると，精神のバランスが崩れてキレたり，

鬱病を発症したりする．興味深いことに，2015年5月29日の科学新聞に「恋人の写真を注視すると，ドーパミンが活性化する」との記事が掲載された．これは理化学研究所ライフサイエンス基盤研究センターの研究チームが発見した．

通常，ヒト体内にはセロトニンが10 mg程度あり，そのうちの約90％は小腸の粘膜に存在する．そのため，慢性的な下痢をともなう腹痛が繰り返される疾患「過敏性腸症候群（IBS）」にセロトニンが関与していると考えられている．残り10％のセロトニンのうち8％は血小板に存在し，血流を介して体内を循環している．血中セロトニンは血液凝固作用や血管収縮作用を示すことから，血管収縮により偏頭痛が起きることもある．さらに，残りの2％が脳内の中枢神経系に存在しており，この微量セロトニンが人間の精神状態に重大な影響を与え，セロトニンの不足が鬱病の発症リスクになっている．脳内の神経伝達物質として働くセロトニン，すなわち，脳内セロトニンは脳幹内で合成され，それを増やすためにはトリプトファンの摂取が重要である．ちなみに，腸管内でつくられるセロトニンは血液脳関門を通らないため，脳神経に直接作用する可能性はない．

広島大学の内匠 透教授（理化学研究所に移籍）らの研究グループは，自閉症ヒト型モデルマウスを使った研究を通じて，発達期にセロトニンの異常が生じていることを発見した．自閉症に見られる社会性の行動異常は，臨床データからセロトニンと相関関係があることは知られていた．ただし，その原因はほとんどわかっておらず，診断や治療法を開発する前段階として，自閉症の病態解明が望まれていた．彼らはこれまでに，ヒト15番染色体の一部に相当する領域が重複した，ヒト染色体15q11-q13重複モデルマウスの作製に成功している．このマウスは，社会性の行動異常をはじめとする自

閉症行動を示すだけでなく，自閉症の原因である染色体異常をヒトと同じようにもつ，世界初の自閉症ヒト型モデルマウスで，今回，この自閉症ヒト型モデルマウスで脳内の異常を詳しく調べたところ，発達期において脳内のセロトニン濃度が減少していることが発見された．また，神経細胞におけるセロトニンシグナルの異常もあることから，発達期におけるセロトニンの異常が社会性行動異常の原因となる可能性を明らかにした．今後，自閉症に対するセロトニンを中心とした治療法の開発につながるこの研究成果は，2010年12月15日発行のオンライン科学雑誌「PLoS ONE」に掲載されている[2-7].

2.5 腸内細菌叢の精神疾患へのかかわり

腸内細菌叢の良し悪しが，肥満だけでなく精神状態に影響を及ぼすことが動物実験で確認された．具体的には，無菌環境下で生育させて，腸内細菌叢をもたないように育てたマウスは，ほかのネズミを認識する能力に欠けていた．また，有害菌を増やして有益菌を減らすように腸内細菌叢を変化させると，不安症や鬱病のほか，自閉症に似た行動をとることが観察された．この結果は，腸内細菌のつくる代謝産物が，脳神経細胞に対しプラスに作用するためと推測されている．

九州大学の須藤信行教授の研究グループは，「狭いチューブに1時間ほど閉じ込められた無菌マウスは，普通のマウスに比べ，ストレスホルモンを多く生成すること，さらに，ビフィズス菌の一種 *Bifidobacterium infantis* を無菌マウスにあらかじめ投与しておくと，ホルモン量が正常に保たれる」ことを観察した．この知見は，腸内細菌がストレス反応に影響を与えることを示した初めての報告となった．また，カナダ・オンタリオ州にあるマックマスター大学のP.

BerickとS. Collinsらの研究チームによると，無菌マウスの腸に他のマウスの腸から集めた細菌を接種すると，ドナーの性格を受け継ぐことを実証した．具体的には，内気なマウスは探究心旺盛になり，大胆なマウスは臆病になった．さらに，自閉症の子マウスの40〜90％が胃腸障害をともなっており，腸内細菌叢にも異常があった．ところが，その子マウスにバクテロイデスとクロストリジウムを接種すると，腸内細菌叢が正常になったほか，反復行動とコミュニケーション能力の低下が抑えられ自閉症が改善された．また，マウスに *Bacteroides fragilis* を投与すると，大腸炎が予防できることもわかってきた．このように，マウスを用いた動物実験ではあるものの，腸内細菌叢の改善が精神面や大腸炎の改善に貢献することが，C. Schmidtにより総説的に紹介されている［2-8］．

今やストレスや不安の多い社会構造となってしまった日本，懸命で，かつ，真摯に周囲の人々に向き合うほど，つらい精神状態に追い込まれかねない．ストレスが腸内細菌叢に影響を及ぼして腸内環境が悪化すると，それが精神状態や健康に強く影響を与える．それを回避するために，乳酸菌の力も借りて腸内細菌叢のバランスを良くすることで，元気な人生を送りたいものである．

2.6 腸内細菌と糞便移植

わが国の新生児の約15〜70％が，腸管内にクロストリジウム・ディフィシル（*Clostridium difficile*：ディフィシル菌と略す）を保有している．健康な成人でさえ高い割合でこの菌を保有している．ディフィシル菌は，通常，腸管内でおとなしくしているが，身体が弱って免疫が正常に機能できなくなったときや，抗生物質の投与が原因で，その薬に弱い腸内細菌が死滅して腸内細菌叢のバランスが崩れると，ディフィシル菌が増殖して"悪さ"を発揮する．具体的

には，ディフィシル菌にはA毒素（toxin A）あるいはB毒素（toxin B）を産生するものがいて，その毒素で下痢症状を引き起こす．ときに激しい下痢をともなう重篤な腸炎となることもある．実際，米国では，毒素産生ディフィシル菌の感染により毎年20,000人ほどが命を落としている．ディフィシル菌感染症は完治が難しく，いったん症状が収まっても再発しやすい．

近年，この病気に対し画期的治療法の開発が進み，世界的な注目を集めている．それが"糞便移植治療法"である．ディフィシル菌感染症は，保菌者の腸内細菌の勢力バランスが崩れることで発症する病気で，例え保菌していたとしても，他の細菌でディフィシル菌の増殖を抑え込むことができれば発症しない．そのようなことから，健康な人の糞便に含まれる細菌叢を腸内に導入してやれば，症状が改善するのではないかという考え方が糞便移植治療法を開発させた．もともとは海外で始まったこの治療法，その治癒率は今や9割を超え，抗生物質治療による治癒率を超えている．

慶応大学病院や順天堂大学病院では糞便移植の臨床試験が始まっている［朝日新聞デジタル，2015年5月10日］．今後はディフィシル菌感染症を繰り返し発症する患者に向けた有効な治療法となるのは間違いない．糞便移植法は単純な治療法であるが，応用範囲はディフィシル菌感染症の治療だけには限らない．というのは，腸内細菌叢の良し悪しがヒトの健康にさまざまな影響を与えているとの考え方があり，もしもそれが真実ならば，別の病気であっても腸内細菌のバランスを整えれば，その病気が改善することは十分期待できる．

腸内細菌叢のアンバランスは，ディフィシル菌感染症にともなう下痢だけでなく，身体の代謝系や免疫系の破綻が引き金となる病気につながることが明らかになってきた．糖尿病，肥満，メタボリッ

クシンドロームのほか,アレルギーや喘息も腸内細菌叢の乱れが引き金となっているといわれている.

 糞便移植を受けることで,実際に改善や治癒できた病気は,便秘,炎症性腸疾患,過敏性腸症候群,慢性疲労症候群,糖尿病,多発性硬化症,パーキンソン病などである.さらに,胆石,大腸癌,肝性脳症,胃癌,関節炎,喘息,アトピー性疾患,自己免疫疾患,湿疹,脂肪肝,花粉症,高コレステロール血症,心筋梗塞,腎結石なども腸内細菌叢の乱れとかかわっている.

 先に述べたように,「脳と腸内細菌叢との間に密接な関係がある」との概念が提案されるに至り,今や神経・精神疾患への腸内細菌叢のかかわりが本格的に議論されている.このように,「精神疾患と腸内細菌叢との間に関連性が認められる」との説に従うと,糞便移植法は,さらに広い病気の治療に応用できると期待される.ちなみに,米国では,糞便移植後に体重が増加し,移植当初60 kg程度だった体重が,3年後には20 kgも増加した患者がいたとの報告がある.ただし,その患者は,食事や運動を通じてダイエットを試みたものの,体重は減らなかった.便の提供者が肥満だったことと,便を移植されたヒトは過去に肥満になったことはなかったことなどから推測すると,糞便提供者の腸内細菌叢が肥満を誘発した可能性は否定できない.それを支持するかのように,肥満マウスの便を移植されたマウスが肥満になったとの報告もなされている.ということは,細身の人の糞便を移植すれば,太った人も痩せられるかもしれない.近い将来,ダイエットの手法の一つとして糞便移植がクローズアップされるに違いない.

乳酸菌の種類とその特徴

3.1 乳酸菌と不老長寿の関係

　日本の市場規模よりはるかに大きい米国の健康食品（ダイエタリーサプリメント）の 2013 年の市場は，3 兆 2,400 億円の規模となった．このように，未病改善や健康維持を目的とした機能性食品や健康サプリメントを愛用している人々は世界的にもきわめて多い．乳酸菌に関連した機能性食品に限ってみても，インフルエンザウイルスのほか，慢性胃炎と胃癌の危険因子であるピロリ菌（*Helicobacter pylori*）の感染予防を訴求するヨーグルトや，便秘改善と整腸をターゲットとする乳酸菌飲料も人気が高い．医療面では，潰瘍性大腸炎の改善に乳酸菌が利用され，獣疫乳酸菌 *Streptococcus zooepidemicus* の産生するヒアルロン酸が配合された化粧品も販売されている．このように，乳酸菌は，未病対策，美容，健康維持，病気治療にも大いに貢献しているのである．

　著者は，かつて，感染症の撲滅に生涯を捧げたルイ・パストゥー

図3-1 パストゥール

ル（Luis Pasteur：図3-1）が創設したパリ・パストゥール研究所で研究生活を送った．今にして思えば，パストゥール研究所との縁や巡り合わせが，後になって乳酸菌研究へと導いてくれたのかもしれない．というのは，パストゥールの現役時代，彼の右腕となって活躍した研究者としてメチニコフがいた．彼はロシア出身の科学者で，「白血球の貪食作用」を見いだした先駆的な功績により，1908年，ノーベル医学生理学賞を受賞した．メチニコフは「自家中毒説」を打ち立てた研究者としても知られ，老化の原因が腸内に生育する有害菌のつくる物質であると推定し，酸乳，すなわちヨーグルトを摂取すれば，その中にいる乳酸菌が腸内に定着して有害菌の増殖を抑えるため，老化を遅らせることができるとの「不老長寿説」を提唱した．彼が提案したその説の背景には，ブルガリアのスモーリアン地方には80〜100歳を超える長寿者が多く，村民のほとんど

が酸乳を日常的に飲んでいたからである.

その後の研究で,ブルガリアのヨーグルトから分離された乳酸菌が実際には腸内に定着できないことがわかってから,しばらくの間,ヨーロッパの乳酸菌研究は鳴りを潜めていた.しばらくして,嫌気性細菌の分離技術が開発されたことが契機となり,嫌気性細菌の一種であるビフィズス菌の研究が急速に進んでいった.そして,乳酸菌の経口摂取が,ビフィズス菌の増殖に寄与することが明らかとなっていった.

3.2 乳酸発酵と乳酸菌の発見者

糖を資化して多量の乳酸をつくる細菌を,特に乳酸菌と呼んでいる.ただし,この呼び方は分類学における正式な用語ではない.一方,微生物が糖を始めとする有機化合物を分解し,アルコール,乳酸,酢酸などの有機酸,二酸化炭素などを生ずる過程は「発酵」と呼ばれる.酒,醤油,味噌,ワイン,ヨーグルト,チーズなどは,カビ,酵母,乳酸菌のいずれかを利用した発酵食品である.特に,ブドウ糖を分解して乳酸をつくる過程を乳酸発酵と呼び,牛乳に乳酸菌を接種して,10時間以上培養し,得られた発酵産物がヨーグルトである.

パストゥールは,感染症の予防と治療法の開発に生涯をかけた.特に,狂犬病のワクチンを開発した功績は世界に燦然と輝いている.彼は乳酸発酵現象を最初に見いだした人物でもあった.パストゥールは,ワイン醸造の過程で酸っぱくなってしまったワイン,すなわち,醸造に失敗したワイン入樽の内部に,ときどき大きな酒石酸の結晶に混じって針状の結晶が生成することに興味を抱いた.この結晶を詳細に観察した結果として,左手と右手の関係のように,互いに重ね合わせできない,鏡像関係にある結晶の存在を発見したのだ

った．このように立体化学の概念を打ち立てたパストゥールは，その業績で博士の学位（Doctor of Philosophy）を取得し，1854年，30歳の若さで，フランス北部の街リールに新設された大学の教授に就任した．当時，リールはナポレオン戦争の影響で蔗糖（ショ糖：スクロース）の輸入が途絶えてから，甜菜糖（サトウダイコンから抽出した糖）を利用した酒精工業の中心地となっていた．パストゥールは，ワイン製造業者から醸造に失敗した酸っぱいワインの原因に関して相談を受けたのがきっかけで，発酵現象に興味をもった．その研究成果として，醸造に失敗したワインは酵母以外の微生物がブドウ果汁に混入した結果であることを突き止めた．更なる研究を積み重ねた結果，「発酵現象のすべてに微生物が関与している」ことを確信したのだった．たとえば，アルコール発酵には酵母の存在が不可欠であること，生きた酵母がブドウ果汁に混入しなければ，酵母の増殖もアルコール生成も起こらないこと，酵母が酸素の少ないところで生育するときにアルコールが蓄積することを明らかにした．

パストゥールは，「ある種の細菌は空気がない場所でも生育できる」という，それまで誰も考えたことのなかった「嫌気」に関するパラダイムも提唱した．当時，「酸素のないところでも生命活動は起こる」との概念は存在しなかった．ちなみに，酸素があると生命活動が起きる「好気」に対し，酸素のないところでの生命活動に「嫌気」という言葉を用いたのはパストゥールが最初で，「アルコールや乳酸は，微生物の代謝活動の結果生じた物質である」と述べたのも彼だった．

1857年，エコールノルマル（フランス国立高等師範学校）の教授となってパリに戻ってきたパストゥールは，乳糖発酵に関する学術論文（Mémoire sur la fermentation appelée lactique, Paris, 1858）

を発表した．この論文で，「糖類がアルコールと炭酸ガスに分解されるところには，いつも酒精酵母がいるのと同様，糖から乳酸が生成されるときには，いつも乳酸酵母（levure laqutique）という，特殊な発酵因子が存在する」と述べている．さらに，乳酸酵母が「球」あるいは「短桿」であることや，凝集して綿屑のようになることを観察し，タンパク質と糖を含む液にその綿屑を加えて30〜35℃で保温すると，その糖は乳酸生成に利用されることを発見した．また，アルコール発酵は，酵母が生活した結果であることも実験的に証明した．彼が見つけた乳酸発酵の球状体をした微生物は酵母ではなく，細菌であることも見いだしたが，彼自身は乳酸菌の単離には成功していない．

酸っぱいワインの防止策を考えてほしいとワイン製造業者から頼まれたパストゥールは，最初，防腐剤を考えたが，食品に適用できる安全性の高い防腐剤は思い浮かばなかった．そこで彼は，製品に混入してしまった微生物を殺菌（もしくは滅菌）するために，「ワインの加熱処理」を考えたのだった．しかしながら，ワインを高温で熱処理すると，ワイン独特の風味や香気が逃げてしまう．彼は，加熱処理がワイン中に含まれている酸素を除去したあとに行われるなら，55℃で加熱してもワインの風味が変わらないことを実験で証明した．パストゥールが開発した，この「パストゥリゼーション（pasteurization）」と呼ばれる低温殺菌法は，ビール，酢，ミルクなど，腐敗しやすい飲料や缶詰などの殺菌法の1つとして世界中で汎用されている．

酸乳の中にいる細菌の性質を明らかにするためには，他の微生物が混ざっていては難しい．そこで，酸乳の希釈を無限に繰り返せば，目的の細菌を単離できると考えた科学者がいた．この方法で「細菌の純粋分離法」を開発したのは，英国の外科医ジョゼフ・リ

表3-1 バクテロイデテス門とファーミキュテス門の分類学的位置づけ

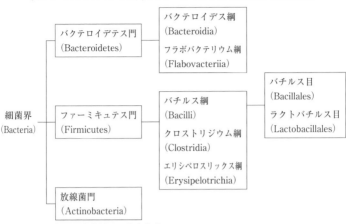

＊おもな門，綱，目を抜粋して表を作成

スター（Joseph Lister, 1827-1912年）であった．ちなみに，彼が酸乳から単離した細菌は *Bacterium lactis* と命名されたが，現在の分類学では *Lactococcus lactis* である．

3.3 さまざまなタイプの乳酸菌

　乳酸菌はグラム陽性細菌の仲間であり，DNAのG＋C含量（GC contents：グアニンとシトシンの含量）は比較的低い．Bergey's manual of systematic bacteriology 2nd ed. の2巻に従えば，グラム陽性で，かつ，G＋C含量の低い細菌は23種類ある門（もん：division）のなかで，ファーミキュテス門ただ1つに集約される（表3-1）．さらにこの門は主にバチルス，クロストリジウム，エリシペロスリックスという3種類の綱（こう：class）から構成されている．乳酸菌はバチルス綱を構成する2つの目（もく：order）のうち，ラクトバチルス目に含まれている．16S rRNA遺伝子の塩

基配列に基づいた分子系統解析を行った結果，これまで乳酸菌ととらえてきた属（genus）のほとんどがファーミキュテス門に含まれ，かつ，系統的には均一の細菌群であると結論づけられた．それに加えて，乳酸菌のほとんどの属が含まれるラクトバチルス目は Bergey's manual of systematic bacteriology 2nd ed. の第 2 巻では Lactobacillaceae, Aerococcaceae, Carnobacteriaceae, Enterococcaceae, Leuconostocaceae, Streptococcaceae の 6 科で構成されており，その中に 33 属が含まれると記載されている．

乳酸菌を細胞の形態で分けてみると，先にも述べたように，桿菌と球菌とに大別でき，前者を乳酸桿菌，後者を乳酸球菌と呼んでいる．ただし，乳酸菌の系統解析からわかった驚くべきことは，これまでの分類学で最も重視されてきた細胞形態が，必ずしも系統を反映しないと結論されたことである．たとえば，乳酸桿菌ラクトバチルス属と乳酸球菌ペディオコッカス属はともに，Lactobacillaceae 科にグループ化され，Leuconostocaceae 科や Carnobacteriaceae 科でも，科内の属の細胞形態は多様である．さらに，Leuconostocaceae 科に含まれるワイセラ（*Weissella*）属は，属の中で桿菌と球菌の細胞形態を示す乳酸菌種が混在しているのである．

乳酸菌の名前や生理学的特徴を知ると，乳製品の容器に記載されている乳酸菌の菌株名，たとえば，EC-12 などに興味を抱く読者がおられるかもしれない．また，「リスクと戦う乳酸菌 LG21」などのコマーシャルを耳にすることもあるだろう．ちなみに，LG21 乳酸菌の分類学的な属と種は，*Lactobacillus gaserri* である．コマーシャルに登場する乳酸菌としての EC-12 乳酸菌の EC はエンテロコッカス属に分類される乳酸菌を意味し，EC-12 株は分類学的には *Enterococcus faecalis* である．この章では，食品分野で利用される代表的な乳酸菌を中心として，その種類と特徴について紹介し

③ 乳酸菌の種類とその特徴　35

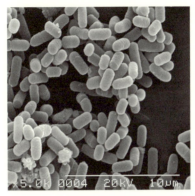

図3-2 *Lactobacillus plantarum* SN35N の走査型電子顕微鏡写真

たい．

　まず，代表的な乳酸桿菌としては，ラクトバチルス属乳酸菌が有名である．一方，ストレプトコッカス属やペディオコッカス属は，種名のうしろにコッカス（-*coccus*）と記載されているので球菌である．ロイコノストック（*Leuconostoc*）属も乳酸球菌である．少なくとも，1984年までは乳酸菌はこれら4属のみであった．

　著者の研究グループでは，果物，野菜，花，穀類，薬用植物など，自然界の植物から積極的に乳酸菌を分離し，たとえば，梨やメロンからの分離にも成功している．梨由来の乳酸菌は，分類学的同定が済むまでの期間は，とりあえずSN35N（strain SN35N）とナンバリングした．これを菌株番号といい，分離者が自由に番号をつけることができる．その後，SN35N株のゲノムDNAの塩基配列を決定し，その塩基配列と相同性の高いDNAを有する乳酸菌をコンピューター検索した．その結果，SN35N株は *Lactobacillus plantarum* と同定された（図3-2）．*Lactobacillus plantarum* は他の研究者により，別の分離源からも多数見いだされている．そこで，

SN35N を他のものと差別化するため，梨から分離した乳酸菌を *Lactobacillus plantarum* SN35N と名乗っている．

著者の研究グループは，2009 年，全国 25 の都道府県から 47 の米サンプル（籾殻および玄米）を集め，合計 47 株の乳酸菌を分離した．その際，籾殻と玄米の両方から乳酸菌が分離された．玄米の糠層は発芽に必要なビタミン類や脂肪分などが含まれているために栄養価が高く，乳酸菌にとっては好適な生育環境であるといえる．興味深いことに，米から分離された乳酸菌はエンテロコッカス属が多く，全体の 55% を示した．また，地域的にみると，東日本ではペディオコッカス属の割合が多く，西日本ではエンテロコッカス属が多かった．米の産地により温度や気候が異なるため，分離される乳酸菌の種類も地域差があるのかもしれない．

1986 年，バージェイ（Bergey）により刊行された細菌の分類学辞典，Bergey's Manual of Systematic Bacteriology 2nd ed. が出版された際，これまでとは違った分類体系となった．その背景には，科学技術の進歩により，細菌を分類するために化学的手法が採用され，しかも DNA や RNA の塩基配列が容易に調べられるようになったことが挙げられる．今や，遺伝子の塩基配列情報に基づいて，細菌の系統分類が論じられるようになったのである．

その生物に特有なすべての遺伝情報は，その生物のゲノム DNA（genome DNA）上に書かれている．遺伝情報は，グアニン（G），シトシン（C），アデニン（A），チミン（T）といった 4 種類の塩基の配列で規定される．抗生物質をつくることで有名な放線菌のゲノム DNA の平均的 G+C 含量は 70% を超えるが，乳酸菌のゲノム DNA を調べてみると，菌種によって異なるものの，平均的な GC 含量は 28〜53% の範囲に収まる．特に，乳酸球菌の G+C 含量は 35〜45% の範囲に集中している．

ゲノム科学の進展とともに乳酸菌の分類体系も変化していった．Bergey's Manual of Systematic Bacteriology 2nd ed. では，乳酸菌の属数がそれまでの4属から12属へと増加し，2002年に20属となった．具体的には，ラクトバチルス，ロイコノストック，ペディオコッカスのほか，新たに，バゴコッカス（*Vagococcus*）とワイセラ属が加わり，これまでストレプトコッカス属に所属していた乳酸菌は，エンテロコッカス属とラクトコッカス属の2属に分かれた．また，かつて，ペディオコッカス属に所属していた乳酸菌のなかに，テトラジェノコッカス属に移動させられたものもいる．たとえば，高塩濃度でも生育できる *Pediococcus halophilus* は，*Tetragenococcus halophilus* に改名された．その後も属数は増え続け，2010年の時点で30属を超えた．

代表的な乳酸菌の属名を**表3-2**に示す．ちなみに，先に述べたバージェイの辞典では，ストレプトコッカス属を，発熱・溶血性，口腔（oral），腸管，乳性，嫌気性，その他，という6群に分けている．その際，腸管由来と乳由来の乳酸菌がそれぞれエンテロコッカス属とラクトコッカス属として独立し，残ったものをストレプトコッカス属とした．エンテロとは「腸内の」という意味であり，*coccus* がその *Entero-* に付加されると，腸内の球菌という意味である．興味深いことに，著者の研究グループでは，果物，野菜，穀類といった植物源から，エンテロコッカス属の乳酸菌を多数分離している．日本産玄米や籾殻から分離した乳酸菌の半数以上はエンテロコッカス属であったことは注目すべきである．

ブルガリア菌，サーモフィルス菌，ラクティス菌の3種類は，世界に知られたヨーグルト製造用の乳酸菌である．国際食品規格では，ブルガリア菌とサーモフィルス菌の両乳酸菌を用いて乳を発酵させたものをヨーグルトと定義しているのである．ブルガリア菌は，そ

表 3-2 おもな乳酸菌

	本書の略称	学名
桿菌	ブルガリア菌 プランタルム菌 カゼイ菌 ヘルベチィカス菌 アシドフィルス菌 サリバリウス菌 ファーメンタム菌 ブレビス菌 デルブリュッキィ菌 ラクティス菌 クレモリス菌 メゼンテロイデス菌	*Lb. bulgaricus* *Lb. plantarum* *Lb. casei* *Lb. helveticus* *Lb. acidophilus* *Lb. salivarius* *Lb. fermentum* *Lb. brevis* *Lb. delbrueckii* *Lc. Lactis* *Lc. cremoris* *Leu. mesenteroides*
球菌	サーモフィルス菌 ペントサセウス菌 ハロフィルス菌 アビウム菌	*Str. thermophilus* *P. pentosaceus* *T. halophilus* *E. avium*

E.: *Enterococcus*, Lb.: *Lactobacillus*, Lc.: *Lactococcus*, Leu. *Leuconostoc*, P.: *Pediococcus*, Str.: *Streptococcus*, T.: *Tetragenococcus*

の名の示すとおり,もともとブルガリア地方に生息し,他の地域にはほとんど存在しない特殊な乳酸菌である.すなわち,ブルガリア地方で伝統的に受け継がれてきた酸乳のみがヨーグルトと呼ぶことが許されている.スーパーマーケットやデパートの地下の食品売り場で乳製品を手にとって,その容器に記載されている表示を眺めてみると,ヨーグルトとの記載は見あたらず,その代わり「はっ酵乳」という表示を目にするであろう.はっ酵乳とは,文字のとおり,乳を乳酸菌で発酵させたものである.したがって,日本では,国際食品規格で製造されたヨーグルトでさえ,「はっ酵乳」と表示するしかない.

さて,乳酸菌が乳酸を生成するための様式には,「ホモ型乳酸発

酵」もしくは「ヘテロ型乳酸発酵」の2種類が存在する．ホモ型乳酸発酵では，以下の反応式に示すように，1分子のグルコースから2分子の乳酸ができる．

$$C_6H_{12}O_6 \rightarrow 2CH_3CHOHCOOH$$
　　　グルコース　　　　　　　乳酸

一方，ヘテロ型乳酸発酵には，さらに2つのタイプが存在する．タイプ1では，1分子のグルコースから，乳酸，エタノールおよび二酸化炭素が1分子ずつできるが，

$$C_6H_{12}O_6 \rightarrow CH_3CHOHCOOH + C_2H_5OH + CO_2$$
　　　　　　　　　　　　　　　　　　エタノール　　二酸化炭素

タイプ2では，2分子のグルコースから，2分子の乳酸と3分子の酢酸ができる．

$$2C_6H_{12}O_6 \rightarrow 2CH_3CHOHCOOH + 3CH_3COOH$$
　　　　　　　　　　　　　　　　　　　　　　酢酸

ビフィズス菌による糖質の代謝経路は，乳酸菌とは異なり，2分子のグルコースから2分子の乳酸と3分子の酢酸を生成するが，これもヘテロ型乳酸発酵の一種とみなすことができる．

カゼイ，プランタルム，アシドフィルス，サリバリウス，ブルガリア菌などはホモ型乳酸発酵を行うが，同じラクトバチルス属乳酸菌でも，ファーメンタム，ブレビス，ブッシュネリ（*Lb. buchnerii*），セロビオサス（*Lb. cellobiosous*）はヘテロ型の乳酸発酵様式をとる．

ラクティス菌（*Lactococcus lactis*）は，直径 0.5～1.0 μm の連鎖球菌で，乳のなかで活発に生育することで，牛乳に含まれる乳糖から乳酸をつくり，その酸で牛乳中に含まれるカゼインが凝固する．生育の適温は 30℃ で，ホモ型の乳酸発酵様式をとり，チーズやヨーグルト製造の種菌として使用される．ラクティス菌のなかには，

ナイシン A（nisin A）というポリペプチド性の抗菌物質をつくるものがいる．この抗菌物質は一般的にバクテリオシンと総称され，おもにグラム陽性細菌の増殖を阻害する．

大手乳業企業がヨーグルト製造のために使用しているブルガリア菌は，2014 年まで *Lactobacillus bulgaricus* であったが，その後，*Lactobacillus delbrueckii* subsp. *bulgaricus* に改名された．もともとはブルガリア地方の原生植物を利用して製造するヨーグルトから分離された乳酸桿菌で，生育の適温は 45〜50℃，乳酸発酵形式はホモ型である．

1900 年，オーストリアのグラーツ大学の小児科医だったモロー（E. Moro）は，人工乳で育てられた小児の糞便から乳酸菌を分離し，アシドフィルス菌（*Lactobacillus acidophilus*）と命名した．この乳酸菌はホモ型乳酸発酵を行うタイプで，そのサイズは幅 0.6〜0.9 μm，長さ 1.5〜6.0 μm の桿菌である．生育の適温は 37℃ で，15℃ では生育できない．腸内での増殖は良好で，有害菌の生育を抑えて整腸作用があるので，整腸剤としての利用もある．国内のある乳業企業が見いだした *Lb. acidophilus* L-55 は，胃液と胆汁酸に対して耐性で，抗アレルギー効果を示すと公表されている．

他方，国内大手乳業会社の 1 つは，1950 年代後半からラクトバチルス・アシドフィルス（*Lactobacillus acidophilus*）を用いてヨーグルトを製造していた．その後，そのヨーグルトから分離された乳酸菌は，*Lactobacillus casei* であることが明らかとなった．以後，*Lactobacillus casei* として乳酸菌飲料を製造している．ちなみに，アシドフィルス菌とカゼイ菌では，糖分解性や最適発育温度が違っている．

上記の乳酸菌はいずれも動物由来乳酸菌であるが，それに対しラクトバチルス・デルブリュッキィ（*Lactobacillus delbrueckii*）は，

穀物を住処とする好熱性の乳酸桿菌である．細胞のサイズは幅0.5〜0.8 μm，長さ2〜9 μm，生育の適温は45℃〜50℃である．乳糖は利用できないが，グルコース，マルトース，ショ糖を利用して，ホモ型乳酸発酵様式で多量の乳酸をつくることから，乳酸の工業生産菌として用いられている．

その他の代表的な植物乳酸菌として，ラクトバチルス・プランタルムがある．著者の研究グループでは，梨やメロンなどの果物から多数のプランタルム菌を分離している．ラブレ菌として有名になった，ラクトバチルス・ブレビス (*Lactobacillus brevis* subsp. *coagulans*) は，京都の漬物「酸茎漬け」から分離された乳酸菌である．ちなみに，ラクトバチルスと名前のついた乳酸菌はすべて桿菌である．糠漬けなどの野菜漬物は，プランタルム菌の繁殖によることが多く，生育最適温度は30℃であるものの，10℃でも生育する．ホモ型乳酸発酵を行い，グルコース，マルトース，乳糖，ショ糖，アラビノースなどの糖を利用する．一方，ラブレ菌はヘテロ型乳酸発酵を行うことが特徴である．

ペディオコッカス・ペントサセウス (*Pediococcus pentosaceus*) は四連球菌でホモ型乳酸発酵を行う．著者の研究グループは，ロンガン（龍眼）という果物から分離した *Pediococcus pentosaceus* LP28（図3-3）が，脂肪肝の改善と体内脂肪の蓄積を抑制することを発見し，2012年，その研究成果を国際的に評価の高い米国の科学雑誌「PLoS ONE」に発表した．

テトラジェノコッカス・ハロフィルス (*Tetragenocuccus halophilus*) は，以前，ペディオコッカス属に分類されていた時期もある．食塩の濃度が10〜15%でも生育する耐塩性の高い四連球菌で，ホモ型乳酸発酵を行う．塩濃度が15%ほどの醤油の"醪（もろみ）"のなかで生育できる唯一の乳酸菌がこれであり，沢庵や塩辛の製造

ロンガン(龍眼)

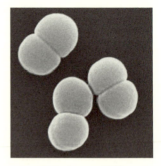
P. pentosaceus LP28

図3-3 ロンガンとLP28

に利用されている.

ロイコノストック属乳酸菌の代表は,ロイコノストック・メゼンテロイデス(*Leuconostoc mesenteroides*)である.本菌は球菌で,特徴として,ショ糖溶液で培養すると菌体の周囲に粘質性の高い多糖類をつくる.ヘテロ型乳酸発酵を行い,代用血漿として用いられる「デキストラン」を工業生産するのに用いられる.本菌における糖からの乳酸生成量は50%に達するが,耐塩性や耐酸性は低く,発酵食品製造の初期に生育する乳酸菌で,低温でも元気に発育する.

ストレプトコッカス・サーモフィルス(*Streptococcus thermophilus*)は,ブルガリア菌とともにヨーグルト製造によく使われる乳酸菌である.乳中で増殖する際に生成する蟻酸はブルガリア菌の増殖を促進させることから,発酵乳のなかでは共生関係にある.

3.4 ヨーグルトとチーズの食文化史

21世紀はプロバイオティクスの時代である.プロバイオティクスとは,「健康維持に有益な働きをする,生きた微生物」のことをいう.この定義からすると,乳酸菌は典型的なプロバイオティクス

の1つであるといって間違いはない．事実，ある種の乳酸桿菌の経口摂取は，ビフィズス菌の増殖を促進し，病原性大腸菌の増殖を抑えることができる．このように，乳酸菌は，腸管内の有益菌を増やすのに役立つことから，プロバイオティクスの代表である．ただし，プロバイオティクスによる効果は，"効き過ぎない"ことが前提で，"効果はあっても強過ぎない"ことに意味がある．乳酸菌の保健機能性はまさにそこにあり，徐々に効いて未病の改善に役立つものと期待されている．プロバイオティクスを利用した発酵食品の代表は，何といっても酸乳，すなわちヨーグルトであろう．

ヨーグルトの起源は，紀元前3000年代にメソポタミア文明の発祥地である西アジアのチグリス・ユーフラテス川を中心とした地域にあるとされている．当時，この地域に住んでいたシュメール人は牛や羊を放牧し，住民はその家畜の乳を飲んでいた．さらに，彼らは，生活の知恵として乳を長期保存する技術を身につけた．それが酸乳もしくは凝乳と呼ばれるものであった．酸乳の製造技術は，家畜の飼育法とともにヨーロッパに伝わった．1958年12月に刊行されたフランシスコ会訳の聖書によると，旧約聖書の第18章8節に「アブラハムは，酸乳と牛乳と調理した子牛を取り，彼らの前に置いた」との記述がある．ここでいう酸乳とは，酸敗して凝固した牛乳を指し，アラビア人が喉の渇を癒す時にこれを飲んでいた．

さて，西暦600年代にわが国では，牛乳を保存するために，酪（らく），酥（そ），醍醐（だいご）と呼ばれる発酵食品がつくられていた．酪はコンデンスミルクの類似品，酥はバターとチーズとの中間製品，醍醐は，ヨーグルトもしくはチーズに似ていた．当時の貴族はこれら加工乳を珍重した．酪，酥，醍醐の記載は，平安時代に書かれた日本最古の医学書である「医心方」にある．

明治時代（1868～1912年）になると，発酵乳がわが国に再登場

した．1908年，カルピス株式会社を創業した三島海雲氏は，かつて，日本の軍部から軍馬調達の指令を受け，今でいう内モンゴル自治区を訪れていたのが縁で，克什克騰（ケシクテン）という地域で，ジンギスカンの末裔である鮑（ホウ）一族に出会った．そして酸乳の存在を知ったのだった．現地で体調を崩したが，酸乳を飲んで体調が回復したことを体感し，それが乳酸飲料（カルピス）を開発するきっかけになったという．

日本市場には，1,000アイテムを超えるヨーグルトが存在している．ヨーグルトに代表される発酵乳は，最初，中近東の遊牧民が家畜の腸を水筒代わりに羊や牛の乳を入れていたところ，その腸管由来の乳酸菌が乳を発酵して酸乳ができた．それがことのほか美味しいと感じたのであろう．酸乳の中では，酸に弱い腐敗菌の生育が抑えられるので，保存性が増し，かつ，乳酸菌がつくる香りや風味が加わって，好ましい発酵乳が完成したものと想像する．

古代トルコの遊牧民の間でユーグルト（Jugurt）という言葉が使われていた．それが現在のyoghurtの語源になったとの説がある．ヨーグルトの製造に使われる乳酸菌は，今でこそさまざまな種類が用いられているが，欧米では，サーモフィルス菌とブルガリア菌が主流である．わが国の基準と違い，国際規格でヨーグルトと呼ばれるためには，両者の乳酸菌を使用したもののみに限られる．すなわち，ブルガリア菌（*Lactobacillus bulgaricus*）の生育には微量の蟻酸が必須であるが，その酸はサーモフィルス菌（*Streptococcus thermophilus*）によって供給される．両者の乳酸菌を乳に接種すると，まず，タンパク質分解酵素活性の強いブルガリア菌がタンパク質を分解してアミノ酸を生成させ，それがサーモフィルス菌の生育を促進する．わが国では，ラクティス菌とブルガリア菌との共培養でヨーグルトをつくる企業も多い．

図3-4　実をつけたセイヨウサンシュ　（出典：cdn-ak.f.st-hatena.com）

さて，2012年の日本乳酸菌学会誌に掲載された，「ヨーグルトの温故知新」と題した総説を参考に，ブルガリアヨーグルトの乳酸菌についての興味深い話題を紹介する．株式会社明治の堀内啓史氏によって執筆されたこの総説によると，ブルガリアには *Cornus mas*（和名：セイヨウサンシュ，図3-4）という原生植物の枝葉を乳に加えてヨーグルトをつくるという伝統的な製法がある．ブルガリア国内の原生植物から分離し，*Lb. bulgaricus* と *S. thermophilus* と同定された各20株の乳酸菌株を，明治のヨーグルト製造用の産業株である *Lb. bulgaricus* 2083 および *S. thermophilus* 1131 と比較した．そのなかで，上記原生植物から分離した Lb12 株のゲノム DNA を各種制限酵素で切断し，得られた PFGE プロファイルを比較すると，Lb12 株は *Lb. bulgaricus* 2083 とほぼ同一株であると認められた．同様に，*S. thermophilus* 1131 のゲノム DNA を各種制限酵素で切断し，得られた PFGE プロファイルを比較したところ，

原生植物由来 S. thermophilus のなかに 1131 株のそれと一致するものはなかった．この結果から判断すると，産業株である 2083 株は植物由来の Lb12 株と起源が同じである可能性が高い [3-1]．

他方，腸管内で生育することが期待される乳酸菌で，もともとヒトの腸管内にいたものをヨーグルトの製造に利用する場合がある．その代表として，回腸，盲腸，大腸に生息しているフェカリス菌（Enterococcus fecalis）やフェシウム菌（E. fecium）のほか，ビフィズス・ロンガム（Bifidobacterium longum）が知られている．しかしながら，これらの乳酸菌やビフィズス菌は，通常，経口摂取された場合，胃酸や胆汁酸に弱いので，生きて腸まで届くのが困難である．ただし，カゼイ菌（Lactobacillus casei）において胃酸に対して高耐性を示す菌株を見つけた結果，それを用いてヨーグルトを製造している企業がある．

わが国では，ヨーグルトのほかに乳酸菌飲料が販売されている．両者は栄養成分と含有乳酸菌数が異なっている．厚生労働省の「乳省令」によって，それぞれの製品の基準が定められており，ヨーグルトは「はっ酵乳」に分類され，牛，山羊，羊，馬などの乳を乳酸菌または酵母で発酵させて製造したもので，糊状または液状にしたもの，または，これらを凍結したものをいう．さらに，「はっ酵乳」と謳うためには，無脂乳固形分（脂肪を除いた固形分のこと）は 8.0% 以上で，かつ，乳酸菌または酵母の菌数は 1,000 万個/mL を超えなければならない．乳酸菌によるはっ酵乳に糖分や香料を追加したものが乳酸菌飲料である．無脂乳固形分は 3.0% 以上，菌数が 1,000 万個/mL のものを乳製品乳酸菌飲料と呼び，生菌のものと殺菌したものがある．また，無脂乳固形分は 3.0% 未満で，乳酸菌数が 100 万個/mL 以上のものを単に乳酸菌飲料と称している．

さて，人類が家畜を飼い始めたのは今から 1 万年前，古代エジプ

ト時代には，バターの製造法が壁画に描かれているので，乳の利用は紀元前4000年ごろには行われていたことになる．古代ギリシャや古代ローマ時代になると，旧約聖書にチーズの記載がある．その後，農民や修道士によりさまざまなチーズが開発され，19世紀なかばには，現在有名なチーズのほとんどがつくられていた．20世紀の始めにプロセスチーズが開発され，それまでチーズと呼ばれていたものをナチュラルチーズと呼んだ．現在のチーズはこの2つのタイプのいずれかである．ナチュラルチーズは，乳，バターミルクもしくはクリームを乳酸菌で発酵させたもの，または，乳，バターミルクもしくはクリームに酵素を加えてできた凝乳から乳清を除去し，固形状にしたもの，もしくは熟成させたものである．プロセスチーズは，ナチュラルチーズを粉砕して過熱融解してから，乳化したものである．簡単にいえば，チーズは「乳を凝固させ，離液してくる乳清を除去し熟成させたもの」である．

チーズ製造用の乳酸菌種は，ラクティス菌，クレモリス菌，サーモフィルス菌，ヘルベチカス菌といった乳酸菌のほか，プロピオン酸菌も用いられている．レンネット，スターター乳酸菌の産生するプロテアーゼ，プラスミンと呼ばれる乳由来のプロテアーゼなどにより分解を受けると，乳に含まれるカゼインタンパク質がまず高分子量のペプチドに変わる．さらに，乳酸菌の保有するエンドペプチダーゼとエキソペプチダーゼが働くことで，低分子ペプチドが生成され，最終的にはアミノ酸にまで分解される．このアミノ酸はそれ自体チーズの重要な風味成分となるが，そのアミノ酸を乳酸菌が代謝して生じたジアセチル，アセトアルデヒド，アセトインなどがチーズの芳香成分として機能する．

京都大学の家森幸男名誉教授が，1986年，疫学研究の際にカスピ海と黒海に挟まれた長寿地域として知られている「コーカサス地

方」から持ち帰った種を使って製造したヨーグルトは「カスピ海ヨーグルト」と呼ばれている．通常の乳酸菌とは異なって 20～30℃という低い温度で増え，一般的なヨーグルトに比べ，酸味がおだやかなことを特徴としている．このヨーグルトの製造には乳酸菌 *Lactococcus lactis* subsp. *cremoris* FC と酢酸菌アセトバクターの2種類がおもにかかわっており，クレモリス菌が多糖を産生し，このヨーグルトの食感に良い影響を与えている．

乳酸菌のゲノムを覗く

　DNAの塩基配列を解析する技術が開発された当時，ヒトゲノムを構成しているDNAの全塩基配列がわかると，「ヒトはどのように進化してきたのか」，「遺伝病や疾患の原因は何なのか」といった疑問に対する答えが引き出せるかもしれないと，生命科学者や医学者は大いに期待した．ゲノムサイズを表すために，塩基対（ベースペア）という単位が使われる．1,000塩基対を1 kb，100万塩基対を1 Mb（メガベース）などと表現する．2003年，ヒトゲノムの全長は3,000 Mbであることがわかった．ちなみに，大腸菌のゲノムサイズは4.6 Mb，*Streptomyces*属の放線菌は8〜9 Mb，酵母 *Saccharomyces cerevisiae* は14 Mb，麹菌 *Aspergillus oryzae* のそれは37 Mbであることが判明し，当然ながら高等微生物になればなるほど，ゲノムサイズは長いことがわかる．

　2010年6月の時点で，すでに1,000種を超える細菌の完全ゲノム配列が公開されている．それらの情報は，今や日本のDDBJ，ヨーロッパのEMBL，米国のGenBankで膨大なDNAデータベースか

らリアルタイムでチェックできる．ただし，知的財産権や特許上の問題で，ゲノム配列をあえて公開していない微生物や，現在全ゲノムのドラフト解析が進行中の微生物も考慮すると，さらに多くのゲノム情報が存在することは明らかである．

乳酸菌の全ゲノム配列を決定すれば，「乳酸菌のプロバイオティクス機能」を予防医学や未病改善に利用できるかもしれない．このような考え方の下に，これまでに100を超える各種乳酸菌の全ゲノムが公的機関や民間企業などで解析されている．ただし，民間企業の場合，特許等の関係で乳酸菌のゲノム解析結果をあえて公表しないことも多い．この章では，乳酸菌のゲノム解析とそれから得られる情報をお話しするとともに，ポストゲノム研究がいかなる方向に向かっていくのか考えてみたい．

4.1 乳酸菌ゲノムの特徴

近年，新しい塩基配列決定法として「高速シークエンス法」が開発されたお陰で，乳酸菌の全ゲノム配列がきわめて短時間で解読できる時代となっている．その新技術を駆使した結果，これまでに報告された乳酸菌のゲノムサイズは，ほぼ2〜4 Mbの間に集約されることがわかった．この値は大腸菌の4.6 Mbに比べても小さい．

ヨーロッパの人々にとって，ヨーグルトやチーズなどの乳製品は食生活に不可欠であることから，乳酸菌の重要性は早くから認識されてきた．そこで，乳酸菌のゲノム研究はEurope Union (EU) の大規模プロジェクトとして行われ，2001年に世界で最初の乳酸菌の全ゲノム解析結果がフランスの国立研究機関INRAから公表された．それはチーズ製造に使われる *Lactococcus lactis* subsp. *lactis* [4-1] であった．2002年には，ビフィズス菌の代表 *Bifidobacterium longum* NCC2705 [4-2] の全ゲノム解析がコーヒーメーカー

として有名なネスレ（Nestlé）から公表された．ラクトバチルス属では，2003 年，*Lactobacillus plantarum* WCFS1 [4-3] の全ゲノム解読報告が最初で，そのゲノムサイズは 3.3 Mb であった．

国内大手食品企業のキリンホールディングスにより見いだされた *Lb. paracasei* KW3110 は，ともにヘルパー T 細胞である「Th1」と「Th2」のバランスを調節する作用をもつ，欧州のチーズから分離された乳酸菌である．この株は，動物実験を通じて花粉症やアトピー症状の緩和作用のあることが見いだされている．他方，乳酸菌，特に，植物から分離された乳酸菌は胃酸や胆汁酸に対する耐性を備え，腸内での滞留時間が長いなど，プロバイオティクスとしてきわめて優れている．著者の研究グループは，2015 年に果物の一種（ロンガン：龍眼）から分離した *Pediococcus pentosaceus* LP28 という，脂肪肝の改善と体内脂肪の蓄積抑制に有効な乳酸菌の全ゲノムの解読を終了しているが，特許申請上，ここに詳細を述べることができないのが残念である．

先に述べた，キリンホールディングスの研究グループは，KW3110 株からゲノム DNA を抽出し，作製した遺伝子ライブラリーの塩基配列を解読した．その結果，KW3110 株の染色体 DNA サイズは約 3 Mb であり，これまでにゲノム配列が公開されている乳酸菌 *Lb. paracasei* ATCC334 のゲノムより大きく，しかも，11.1 kb および 5.5 kb のプラスミドを保有していることが明らかとなった．また，KW3110 株が保有する遺伝子数は全部で 2,831 個と推定され，ATCC334 株の 2,771 個より多かった．他方，*Lb. reuteri* JCM1112 および *Lb. fermentum* IFO3956 のゲノム全長は，いずれも 2 Mb 程度である．このように，乳酸菌の属による違いはもちろんのこと，同じ菌種（species）においても，ゲノムの全長は異なっていることが多い．それぞれの乳酸菌株の分離された場所，

すなわち,生育場所の環境に適応できるよう進化してきた結果が,ゲノムの長さや菌株特異的遺伝子の保有や欠如として反映されているのであろう.

ところで,乳酸菌が特定のアミノ酸をつくることができないことは以前から知られていた.遺伝生化学的に調べられた結果,各アミノ酸の生合成に関与する遺伝子が働かないことに関し,一定の規則性が認められた.たとえば,乳酸菌はグルタミン酸の生合成に関与する遺伝子の不活化の度合いが高い.その理由として,多くの場合,グルタミン酸脱水素酵素の機能が失われているのである.一般的には,乳酸菌では酸化的リン酸化が機能せず,エネルギーの獲得は基質レベルのリン酸化能に依存している.このことは,クエン酸回路が不完全であることと一致している.

興味深いことに,乳酸菌のゲノム情報は,予想もしなかった乳酸菌の性質を明らかにした.たとえば,乳酸菌は通性嫌気性細菌なので,「酸素を使った呼吸をしない」とされてきた.ところが,公開された *Lc. lactis* のゲノム情報から判断すると,酸素呼吸に必要な一連の遺伝子群のほとんどをもつことがわかる.事実,ヘムタンパク質を加えて酸素条件下で乳酸菌を培養したところ,酸素呼吸を行うことがわかったとの報告がなされている.このように,乳酸菌は,培養条件によっては呼吸する能力を発揮できる.また,いくつかの乳酸菌の全ゲノムが解読された成果として,アミノ酸をつくる能力は乳酸菌の種類によって異なることがわかってきた.たとえば,先ほど紹介した *Lb. plantarum* WCFS1 では,バリン,ロイシン,イソロイシン,フェニルアラニン以外のアミノ酸において,その生合成経路上にある全遺伝子が見いだされている.一方,チーズの製造に使われる乳酸菌 *Lb. helveticus* CNRZ32 では,アラニン,グルタミン,システイン,セリン,グリシンといった5種類のアミノ酸の

生合成遺伝子はすべて揃っているが,メチオニンやヒスチジンを含む 14 種類のアミノ酸に関しては,その生合成経路上の複数個の遺伝子,もしくは全遺伝子が欠落していた.さらにいえば,多くの乳酸菌は,硫黄を含むアミノ酸である,メチオニンとシステインの生合成に必要ないくつかの酵素遺伝子が欠損している.しかしながら,先述したように,*Lb. plantarum* WCFS1 に関しては,メチオニンやシステインのような硫黄原子を含むアミノ酸の生合成遺伝子を保有している.事実,著者の研究室において,梨から分離された *Lb. plantarum* SN35N の両アミノ酸の生合成遺伝子は WCFS1 株と全く同じ構造であることを確認している.

多くの研究グループにより,各種乳酸菌のアミノ酸生合成能力が調査された結果,個々の乳酸菌が合成できるアミノ酸の種類はさまざまであったことから考えると,乳酸菌がその生育環境に適応すべく,遺伝子の変異や欠失を受け入れたと考えることができる.さらに,乳酸菌の全ゲノム解析の成果として,トリカルボン酸(TCA)回路を構成する酵素をコードする遺伝子が多く欠失していることもわかった.そうなると,乳酸菌は,他の細菌,たとえば大腸菌と比べ,同量の糖から得られるエネルギー量は少なくなる.乳酸菌はその欠点を補うために,解糖系(EMP 経路)を駆使することになる.その結果,溜まったピルビン酸は TCA 回路を経由して消費できないため,溜まったピルビン酸を乳酸に変換して細胞外へ排出する.TCA 回路が不完全であるということは,アミノ酸の合成に必要な前駆物質を得られない.事実,先にも述べてきたように,乳酸菌の多くはアミノ酸生合成に必要な遺伝子を欠失している.

ところで,乳酸菌を用いた機能性食品やその代謝産物を製品として安く提供するためには,乳酸菌の培養コストをできる限り抑える必要がある.もしも培養したい乳酸菌の全ゲノム情報があれば,目

的遺伝子を高発現させるための戦略を立てやすいし，合理的培地や培養条件も検討しやすい．たとえば，同じラクトバチルス属に分類される乳酸菌のなかでも，種の異なる菌株間でグルコース代謝遺伝子を比較したところ，ヘテロ型乳酸発酵を行う *Lb. reuteri* JCM1112 と *Lb. fermentum* IFO3956 の両者は，6-ホスホフルクトキナーゼをもたないために，ペントースリン酸（PP）経路を使ってグルコースを資化しなければならない．ちなみに，PP 経路は，ヘキソースリン酸経路ともいい，グルコースから乳酸を生成する発酵経路の1つである．別の言葉でいえば，解糖系の中間物質であるグルコース-6-リン酸から出発して，グリセルアルデヒド-3-リン酸へとつながる経路で，NADPH，デオキシリボース，リボースといった核酸の生合成に不可欠な糖を含む各種ヘキソースの産生に関与する経路である．

全ゲノム解析の結果，*Lb. plantarum* WCFS1 は，EMP 経路と PP 経路の両方が揃っていることが判明した．また，ホモ型乳酸発酵（腸管から分離された *Lb. johnsonii* NCC533 および *Lb. acidophilus* NCFM）では，PP 経路を使わないと考えられてきたが，ゲノム解析の結果，EMP 経路に加えて PP 経路の遺伝子群も存在することがわかった．ただし，ホモ型乳酸発酵では，ヘテロ型乳酸発酵で生ずる酢酸やエタノールがほとんど生成しないので，PP 経路は負の制御を受けているものと考えられる．*Lb. plantarum* WCFS1 は，ゲノムサイズを大きくすることで，多様な環境に適応できるように進化してきたのかもしれない．

ヨーグルト製造に使われているブルガリア菌 *Lb. delbrueckii* subsp. *bulgaricus* のゲノムを解読してわかったことは，アミノ酸をつくる遺伝子の多くが欠けており，その代わりタンパク質を分解する酵素（ペプチダーゼ）をコードする遺伝子を多く保有していたこ

とである.これは,牛乳中のカゼインタンパク質を多く含む牛乳の環境に適応しようとした結果なのかもしれない.一方,ラクティス菌 *Lactococcus lactis* subsp. *lactis* IL1403 はチーズの製造に汎用される乳酸菌であるが,その生育には6種類のアミノ酸の添加が必須である.この乳酸菌株のゲノム全長は 2.37 Mb で,ゲノム情報から判断すると,多くのアミノ酸生合成酵素の遺伝子は存在する.おそらく,進化の過程でそれらアミノ酸生合成遺伝子に変異が生じた結果,これらアミノ酸をつくることができないよう変化したと思われる.換言すれば,栄養豊富な環境下で生育してきたので,これら遺伝子の発現が不要となったものと推測できる.ちなみに,*Lb. lactis* subsp. *cremoris* MG1363 の全ゲノムも解析されている.それによると本菌のゲノムは 2.53 Mb であった [4-4].

ブルガリア菌とともにヨーグルト製造に欠かせないサーモフィルス菌(*Streptococcus thermophilus*)は近年,*Streptococcus salivarius* subsp. *thermophilus* と改名されたが,この乳酸菌は,肺炎球菌,虫菌の原因となるミュータンス菌(*Streptococcus mutans*)と分類学的には近い.サーモフィルス菌と近縁の病原細菌との間でゲノムを比較すると,両者の間で 80% の遺伝子が保存されていた.しかしながら,サーモフィルス菌の全遺伝子の 10% は機能できない遺伝子であり,しかも大部分は糖の輸送と代謝に関与する遺伝子であった.おそらく,サーモフィルス菌が乳で長期に渡り継代培養されている過程で,もはや不要となった「糖代謝と病原性にかかわる遺伝子」が欠失したか,あるいは変異したものと推測される.

さらに,ブルガリア菌,ヘルベティカス菌,サーモフィルス菌といったヨーグルト製造用乳酸菌と腸内乳酸菌との間でも全ゲノム遺伝子が比較された.その結果,ヨーグルト用乳酸菌は胆汁酸を分解する酵素の遺伝子は存在しないかわりに,タンパク質分解酵素(ペ

プチダーゼ）の遺伝子が存在していた．さらに，腸管内乳酸菌に比べると，ヨーグルト乳酸菌では糖の細胞内への取込みに必要な酵素の遺伝子が少なくなっていた．すなわち，もともと乳から分離された乳酸菌は，乳にある栄養分を摂取して生育できるので，その環境に適応するためにゲノムから不要な遺伝子が消失していったのであろう．

2005年，「肉から分離したLactobacillus sakei 23K の完全ゲノム配列」と題してNature Biotechnology に掲載された [4-5] 記事は，「23K 株が腐敗細菌の増殖を抑えるのに役立っており，全ゲノムの解読により，近い将来，23K 株を有効利用するのに役立つであろう」との内容であった．事実，発酵ソーセージづくりの種菌として用いられるLb. sakei は，ソーセージの風味に大きく貢献しているとともに，食肉中で競合的に増殖する腐敗菌，腸内細菌，リステリア菌などを抑えるのに役立っている．Lb. sakei 23K のゲノムサイズは約1.9 Mb であり，1,883 種類のタンパク質をつくる遺伝子が存在すると推定されている．また，そのゲノム情報は，Lb. sakei と他の乳酸菌との間で代謝系が違っていることを示唆している．

4.2 乳酸菌が保有するプラスミド

プラスミド（plasmid）とは，染色体DNA とは独立に自己複製可能な遺伝因子のことを指す．大腸菌の雄雌を決定するF因子（fertility factor）や，かつてエピソーム（episome）と呼ばれていた時期もあるR因子（resistance factor）などがそれである．プラスミドは，バイオテクノロジー分野で目的遺伝子を高発現させる際に利用されている．

乳製品の製造に広く利用される乳酸菌Lactococcus（Lc.）lactis のゲノムは約2 Mb の大きさである．さらに，染色体外遺伝子とし

て，複数のプラスミドを細胞内に保有している．*Lc. lactis* のプラスミドは，ごく一部の例外を除いて θ 型の複製を行うタイプであり，乳の発酵に必須な遺伝子をコードしていることが多い．たとえば，ラクトースの資化，タンパク質分解酵素，クエン酸の細胞内への取込み，バクテリオシンや多糖の産生などに関する遺伝子をもっている．*Lc. Lactis* が保有するプラスミドの種類は菌株によって異なり，菌株特異的な表現型を決定するのに役立っている．*Lc. lactis* の分離源としては，乳製品，生乳，漬物，生草などさまざまであり，プラスミドや染色体遺伝子の性質を変えながら，与えられた生育環境に適応すべく進化している．これまでにわかったプラスミドに言及すると，乳酸菌のなかには7～10種類ものプラスミドを保有する株もあり，機能不明の，いわゆるクリプティック（cryptic）なプラスミドであることが多い．プラスミドの機能解析は，まず，プラスミドの除去株を分子育種することである．そして，得られたプラスミド欠失変異株と親株の間で表現形を比較することである．

ところで，近年，「メタゲノム解析」が注目を集めている．メタゲノムとはいったい何なのであろうか．すなわち，自然環境中には，きわめて多くの有益な微生物がいると考えられるが，その99%以上は，純粋分離やその微生物の培養が困難である．したがって，難培養微生物のゲノム情報はまったくわからない．そこで，東京大学の服部正平教授（最近，早稲田大学に移籍）らは，土壌中や生物の腸内などに生息する微生物をそのまま菌の塊として採取し，純粋分離や培養を行うことなしに，菌の塊から直接DNAを分離し，かつ，断片化してシークエンスする技術を確立した．彼らは，この技術を用いて腸管内にいる常在菌のメタゲノム解析を行い，得られた情報から，その80%以上が未知の微生物であったことなどを突き止めたのである．

著者の研究グループは,キムチ(漬物)からバクテリオシンを生産する乳酸菌925A株を分離し,遺伝子解析により *Lactobacillus* (*Lb.*) *brevis* と同定した.925A株のつくるブレビシン(brevicin) 925Aと名づけたバクテリオシンは,食中毒や敗血症の原因菌である *Listeria monocytogenes* や,腐敗菌として有名な *Bacillus coagulans* に対して強い抗菌活性を示す.興味深いことに,その抗菌力は100℃,10分間の熱処理でも失われないが,トリプシンやプロテイナーゼKといったタンパク質分解酵素で処理すると容易に消失する.ブレビシン925Aのアミノ酸配列は,*Lb. plantarum* により産生されるバクテリオシンであるプランタリシン1.25β のそれと100%一致した.すなわち,乳酸菌の菌種が異なっていても,ときにはまったく同じバクテリオシンをつくることがある.*Lb. brevis* 925Aは4種類のプラスミドを保有していた.そこで,DNAの複製に障害を与える抗生物質ノボビオシンを用いて,プラスミドを脱落させた変異株の取得を試み,4種類のプラスミドのうち,3種類のプラスミドが脱落した株を取得することに成功した.このプラスミド脱落株は,バクテリオシンの生産性と自己耐性がともに失われていた.また,ブレビシン925Aの生合成遺伝子がプラスミド脱落変異株には存在しないことも確認した.このように,925A株のバクテリオシンと自己耐性に関与する遺伝子は,ともにプラスミド上にあると思われたので,925A株が保有する4つのプラスミドについてその全塩基配列を決定した.プラスミドサイズの最も大きな65,036塩基対(65 kbと表示)のpLB925A04を除き,他の3種のプラスミドは,自己複製に関与するタンパク質や接合伝達に関与するタンパク質と相同性の高いものしかなかった.しかし,pLB925A04上にはブレビシン925Aの生合成と自己耐性に関する遺伝子を含め48個の遺伝子が存在することを突き止めた(図4-1).

④ 乳酸菌のゲノムを覗く

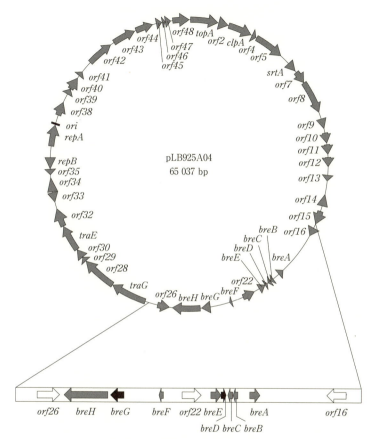

図 4-1 プラスミド上に存在するバクテリオシン生合成遺伝子
breB と *breC* はブレビシン 925A の生合成遺伝子を示す

その中にはトランスポザーゼ（transpose）と推定される遺伝子も存在した．ちなみに，トランスポザーゼとは，動きまわることができる DNA がゲノム DNA 上を移動するときに使う酵素である．この結果は，pLB925A04 がバラエティに富んだ機能を有するプラ

スミドであると同時に，転移を繰り返しながら進化してきたプラスミドである可能性を予想させる．先にも述べたように，*Lb. plantarum* TMW1.25 の産生するバクテリオシンであるプランタリシン 1.25β とブレビシン 925A の生合成遺伝子が一致していることは，バクテリオシン生合成遺伝子が自然界において種を越えて移動している可能性を示すものである．バクテリオシンの多くは近縁種に対して強い抗菌活性を示し，かつ，発酵食品から分離される乳酸菌の多くはバクテリオシンを産生する菌株が多いことから判断すると，乳酸菌のもつバクテリオシン生産能力は，雑菌の多い自然界で生き延びていくための手段なのかもしれない．

　一方，バクテリオシンをつくる乳酸菌は，自己のつくるバクテリオシンのもつ致死的作用から自己防衛している．微生物学では，これを自己耐性（self-resistance）と呼んでいる．乳酸菌において見いだされた自己耐性にかかわる因子が免疫タンパク質（immunity protein）である．著者の研究グループは，壬生菜（みぶな）から分離した，15-1A と名づけた植物乳酸菌を *Enterococcus mundtii* と同定した．しばらくして，15-1A 株が保有する自己耐性因子としての免疫タンパク質（Mun-im と命名）の立体構造を決定した（後述：図 7-6 参照）．これまでのところ，自己耐性機構における免疫タンパク質の作用機序はよくわかっていないが，著者らおよび他の研究グループによる研究結果を合わせて考えると，免疫タンパク質の C-末端側の領域が，その免疫活性や特異性を示すうえで重要であると推察される．また，免疫タンパク質とバクテリオシンとの直接的な相互作用（両者の結合）はないが，細胞膜タンパク質の 1 つであるマンノースをリン酸化する酵素とバクテリオシンとの複合体が，免疫タンパク質と相互作用することが示唆されている．いずれにしても，バクテリオシン生産性乳酸菌の自己耐性機構の解明に

はもう少し時間がかかる．

4.3 クオラムセンシング機構

　乳酸菌の中にはクオラムセンシング（quorum sensing）という機構を備えているものがいる．これは，細菌が増殖していく過程で自らの菌密度を感知し，ある閾値に達するとその菌が保有する特定遺伝子の発現を誘導する機構を指す．たとえば，いくつかの乳酸菌においては，クオラムセンシング機構を用いて，バクテリオシンの産生を制御しているものがいる．その乳酸菌は，周囲の菌密度を感知するためにフェロモン，たとえば，アシルホモセリンラクトンという物質を菌体外に放出し，細菌数がある一定数を超えたと認識すると，増殖した細胞は一斉に集団行動をとるのである．

　バクテリオシンの産生は，一般的に，二成分制御系と呼ばれる，「インデューサーペプチド（IP）をフェロモン分子として，ヒスチジンプロテインキナーゼ（HPK）とレスポンスレギュレーター（RR）」を介して制御されている［4-6～4-8］．この制御系では，まず菌体から生育環境中に放出されるIPの濃度が菌の増殖に伴って閾値を超えると，IPがHPKに結合しHPK自身がリン酸化される．その後，リン酸化されたHPKからRRにリン酸基の転移が起こり，リン酸化されたRRがバクテリオシン生合成遺伝子のプロモーター領域に結合することで，バクテリオシンの産生が開始される．この二成分制御システムは，多くの微生物がもつ遺伝子転写機構の1つで，先ほど紹介したナイシンAの産生も二成分制御系により制御されている［4-9, 4-10］．

　ナイシンAの生合成遺伝子クラスターはHPKをコードするNisK，RRをコードするNisRにより正に制御されている．この制御システムでは，ナイシンA自身がIPとして機能している．

ちなみに，これまでに報告されているクラス IIb バクテリオシンの産生は，すべてこの二成分制御系により調節されている．例として，*Lb. salivarius* subsp. *salivarius* UCC118 の産生する ABP-118 [4-11]，*Lb. plantarum* C11 の産生する plantaricin E/F および plantaricin J/K [4-12〜4-14]，*Lb. plantarum* NC8 の産生する plantaricin NC8 [4-15] が挙げられる．

　二成分制御系とは異なるバクテリオシン生合成機構として，クラス I バクテリオシンにおいてこれまでに報告されているものをいくつか紹介する．たとえば，ラクティシン（lacticin）3147 は，*Lc. lactis* subsp. *lactis* DPC3147 によって産生されるバクテリオシンである [4-16]．ラクティシン 3147 の生合成遺伝子クラスターは 10 個の遺伝子から構成され，ラクティシン 3147 生合成遺伝子が存在するバクテリオシン産生オペロンとラクティシン 3147 自己耐性遺伝子が存在する自己耐性オペロンとに分かれている．ラクティシン 3147 産生オペロンは，オペロンの内部に位置する triple stem-loop 構造がアテニュエーターとして機能し，その下流に存在する遺伝子の転写を低下させることにより産生制御が行われている．一方，ラクティシン 3147 自己耐性遺伝子オペロンは，リプレッサーとして機能する LtnR により負に制御されている．

　Staphylococcus epidermidis Tü3298 が産生するエピデルミン（epidermin）の生合成遺伝子クラスターにおいて，EpiQ は転写調節因子をコードしている．EpiQ は生合成遺伝子クラスター内に存在する，エピデルミン前駆体ペプチドをコードする遺伝子 *epiA*，エピデルミンの転写後修飾にかかわる遺伝子 *epiBCD*，自己耐性に関与する遺伝子 *epiFEG* および *epiH*，輸送に関与する遺伝子 *epiH* と *epiT'* の転写を正に制御している [4-17〜4-19]．ちなみに，EpiQ は RR と高い相同性を示すが，エピデルミン生合成遺伝子ク

ラスター中にHPKは存在しない.

　他に,リン酸化シグナルを介さない細胞外環境感知機構として,シトリシン(cytolysin)の生合成制御がある[4-20〜4-21].シトリシンは,*En. faecalis* が産生する,ランチビオティクスに類似した構造をもつ外毒素で,その生合成遺伝子クラスターは8個のOpen reading frame(ORF)を含んでおり,2つのオペロンを形成している.シトリシンの本体はCylLSおよびCylLLと呼ばれる2つのペプチドからなる複合体で,その産生はHPKやRRと相同性を示さない制御タンパク質であるCylR1とCylR2によってコントロールされている.この系では,CylR2はCylR1と相互作用しており,シトリシンサブユニットによる誘導がかかるまでシトリシンの発現を抑制している.膜貫通タンパク質であるCylR1がシトリシンサブユニットをシグナル分子として受け取ることで,CylR1と結合したCylR2による転写の抑制が解除される.

　Lb. brevis 174Aによって産生されるブレビシン174Aに関しては,本研究室におけるこれまでの研究成果から,いくつか明らかにされた.ブレビシン174Aは髄膜炎や敗血症につながるリステリア症の原因菌である *Listeria monocytogenes* や,虫歯の原因菌の1つとして有名な *S. mutans* に対して抗菌活性を示すことが観察されている.174A株は,少なくとも4つのプラスミドを保有しており,その塩基配列およびプラスミド脱落株の表現型から,ブレビシン174Aの生合成遺伝子クラスターは最もサイズの大きなプラスミド上に存在する.約10 kbにわたるブレビシン174A生合成遺伝子クラスターは,8個のORFから構成され,順に *breA*〜*breH* と命名された[4-22].ごく最近,ブレビシン174Aは二成分制御系によらない新しいシステムで産生されることがわかった(論文執筆中).

　薬剤耐性を獲得しやすい腸球菌や黄色ブドウ球菌では,感染症の

発症に必要な毒素生産や病原因子がこの機構によって生産される.近年,抗生物質のかわりにクオラムセンシング機構を阻害する物質を見つければ,抗生物質にかわる「次世代感染症治療薬」になるかもしれないとの期待がある.クオラムセンシング阻害剤は「ある特定の物質,たとえば,病原毒素の生産のみを抑える」ものであることから,病原細菌の増殖は抑えるものではなく,したがって薬剤耐性を獲得する必要がないと考えられる.九州大学農学部の園元謙二教授の研究グループは,バンコマイシン耐性黄色ブドウ球菌や腸球菌 *Enterococcus faecalis* が,gelatinase biosynthesis-activating pheromone (GBAP) を介したクオラムセンシング機構を利用して病原因子を産生していることを見いだしている.

植物乳酸菌の驚異

　㈱矢野経済研究所の調査は，2014年度の健康食品市場の規模が7,208億円になると予想した．その理由として，高齢化社会の進展，アクティブシニアの増加，中高年齢層の生活習慣病への予防意識とアンチエイジング意識の向上を挙げている．それと連動するかのように，乳酸菌の保健機能性を検証するための研究は，わが国では，いくつかの大手乳業会社が先導して進められてきた．ただし，それら企業は，素材として「ヒトにはヒトの乳酸菌」，すなわち，乳や腸管内から分離された「動物由来乳酸菌」を対象とし，訴求する保健機能効果として，便通の改善，ウイルス感染症に対する予防，花粉アレルギーに対する有効性などが調べられてきた．他方，農学系を中心に，漬物や味噌などの発酵食品から分離した乳酸菌を「植物性乳酸菌」と称し，その機能性研究が行われてきた．漬物や味噌を製造する際には，雑菌の増殖を抑えるため，あらかじめ高濃度の食塩を添加する．すなわち，このような発酵食品から乳酸菌を取得する場合には，高濃度食塩に耐性を示す乳酸菌しか分離できないこと

になる.

　著者は,果物,野菜,花,穀物,ならびに薬用植物など,自然界の植物から乳酸菌が分離できれば,漬物や味噌から分離されるものとは違った機能をもつ乳酸菌が取得できるかもしれないと考えた.ひょっとすると,新奇の植物乳酸菌のなかには,これまでには知られていない抗菌性物質や機能性分子をつくる乳酸菌がいるかもしれない.そこで実際に,梨やメロン,ニンジンやダイコン,玄米や籾殻,ジャスミンやバラを始めとする芳香植物や鑑賞植物,ならびに薬用植物などを分離源として,乳酸菌の探索分離を積極的に進めた.これまでに分離した乳酸菌株において,分類学的な学名を決定した乳酸菌は600株を軽く超え,その探索分離は今なお継続している.

　乳酸菌は,発酵食品の製造に不可欠な菌であるとともに,腸内細菌叢を構成する重要な細菌であるが,植物や動物の性質をもっているわけではない.したがって,近年,世間で広まっている「植物性乳酸菌」という呼び方は,科学的正確性において誤解を招きやすい.そのようなことから,著者らの研究グループでは,植物から分離した乳酸菌を「植物由来乳酸菌」,または,それを短縮した形で「植物乳酸菌:plant-derived lactic acid bacteria」と呼んでいる.一方,腸管や口腔内から分離された乳酸菌を「動物乳酸菌」と呼ぶことにしている.生育環境の違いで乳酸菌の性質が異なっていれば,植物乳酸菌と動物乳酸菌との間で,おなかの調子を整える力や,便秘やアレルギー疾患等の改善効果,それ以外の保健機能性も違っている可能性は高い.未病を克服するために,乳酸菌の保健機能性に関する優れた底力を借りれば,健康への道はさらに加速できるかもしれない.この章では,乳酸菌の保健機能性の発揮は死菌でもよいか,死菌に比べれば生菌のほうが優れているかを議論したあと,動物乳酸菌に比べて植物乳酸菌の優秀さについて解説する.

5.1 乳酸菌摂取によるビフィズス菌の増殖促進効果

　乳酸菌の世界的権威である光岡知足東大名誉教授は，以下の臨床試験結果を報告している．すなわち，Enterococcus faecalis EC-12 乳酸菌の死菌（5×10^{12}/g 殺菌菌体を含む）を被験者ボランティア 11 名に 1 日あたり 600 mg を 2 カ月間摂取してもらい，排便調査を実施した．その結果，11 名中の 9 名に排便の改善が認められた．次に，8 名の被験者ボランティアに同じ死菌顆粒を 1 日あたり 200 mg を 2 週間に渡って毎日摂取してもらい，整腸効果を調査した．その結果，腸内細菌叢中のビフィズス菌数が有意に増加したのに対し，ウエルシュ菌数は減少した．さらに，10^{10}/g 以上の生きた乳酸菌とビフィズス菌をともに摂取して，糞便中の両細菌数を調べたところ，$10^{6} \sim 10^{8}$ 個/g であり，腸内の常在ビフィズス菌数の 10^{10} 個/g に比較した場合の 1% 以下だったことから，生きた乳酸菌やビフィズス菌を摂取しても，これら有益菌が腸内で増殖することは難しいと述べている．したがって，乳酸菌やビフィズス菌の生菌，あるいは乳酸菌の死菌を摂取したときに認められる整腸効果は，腸管免疫機構を介した間接的な作用であると推測している．

　これらの結果からは，排便回数や整腸作用には摂取する乳酸菌やビフィズス菌が必ずしも生きている必要がないことになる．ある乳業企業や食品会社は，乳酸菌やビフィズス菌の商品 1 mL あたりの生菌数の多さを訴求している．また，著者のこれまでの研究から判断すると，乳酸菌摂取において，ある種の保健機能性は死菌でも効果が認められるが，やはり死菌より生菌のほうが優れていると考えている．一例として，高肥満マウスに対し，高脂肪食とともに Pediococcus pentosaceus LP28 の生菌を摂取させると，その体重増加率の抑制効果は生菌のほうが優れている．この研究内容はのちほ

ど紹介する.

5.2 植物乳酸菌は胃液と胆汁酸での生存率が高い

　乳や腸管等の栄養豊富な環境中に生きている動物乳酸菌と違い，植物表面に生息する乳酸菌は，植物の創傷口などの浸出液から栄養を摂取していると考えられている．植物乳酸菌は，植物表面に存在する他の細菌やカビ，酵母などとの生存競争に勝たなければならず，しかも植物アルカロイドやタンニンなどの抗菌性物質に触れる機会も多い．したがって，植物乳酸菌は，動物乳酸菌に比べて過酷な環境に強いと期待できる．

　著者の研究室では，人工胃液および人工胆汁液の各液に各種乳酸菌を添加して，5.5時間ほど静置してから生存率を測定した．その結果，図5-1に示すように，植物乳酸菌はpH 2.5に調整した人工胃液中に5時間以上置いてもほとんど死なないが，動物乳酸菌はその条件では生存することが困難である．ちなみに，胃内消化物は2時間ほどで十二指腸へ移送される．また，図5-2に示すように，*Lb. plantarum* は0.3%胆汁を含む溶液中で80%程度の生存率であるが，動物乳酸菌3株の生存率はともに20%以下であった．同じ植物乳酸菌でも *Lb. plantarum* のほうが *Lb. brevis* よりも人工胃酸や胆汁に対する耐性は高いこともわかった．このように，植物乳酸菌は酸性環境下の生存率が明らかに高く，植物乳酸菌は動物乳酸菌に比べ生きたまま腸へ到達しやすいといえる．

5.3 植物乳酸菌は免疫賦活化活性が高い

　免疫を担当する末梢リンパ球やパイエル板は腸管内にある．リンパ球の塊といえるこのパイエル板は，T細胞，B細胞およびIgAを産生する形質細胞などから構成されている．病原細菌やウイルス

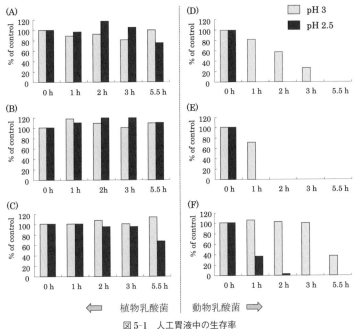

図 5-1　人工胃液中の生存率

(A) *Lb. plantarum* SN 13T
(B) *Lb. plantarum* SN 35N
(C) *Lb. brevis* 925A
(D) *Lc. lactis* subsp. *lactis* 527
(E) *Lb. delbrueckii* subsp. *bulgaricus* C6
(F) *Lb. acidphilus* L-54

の感染は上皮細胞表面への接着により開始され，パイエル板で産生されるIgAが病原菌の感染を防御している．ちなみに，IgAには血清IgAと分泌型IgAがある．特に分泌型IgAは，消化器官のほか，呼吸器官，泌尿器などの粘膜組織で分泌され，病原体と特異的に結合することで，病原体が上皮細胞に接着するのを阻止する．さらに，分泌型IgAは細菌が産生する毒素を中和したり，食物に含

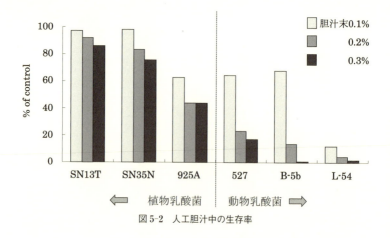

図5-2 人工胆汁中の生存率

まれるアレルゲンと結合して食餌性抗原の体内への吸収をも阻止する．このように，分泌型 IgA は腸管およびその他の粘膜組織に侵入したウイルス，細菌，細菌毒素，アレルゲンなどと免疫結合体をつくり，これらを排除するのに役立っている．

2010年，著者らの研究グループは，腸管免疫の活性化に優れた乳酸菌を探索分離することを目指し，乳酸菌との共培養により分泌されるマウスのパイエル板の IgA 量を測定する in vitro アッセイシステムを確立した [5-1]．これを用いて，植物乳酸菌5株および動物乳酸菌3株について免疫賦活力を測定したところ，動物乳酸菌より，植物乳酸菌と共存させたほうが，パイエル板の IgA 量は増加した（図5-3）．さらに，ニンジンの葉から分離した Enterococcus (E.) avium G-15 や，Lactobacillus (Lb.) plantarum SN13T では，加熱殺菌した菌体や培養上清をパイエル板とインキュベートしても，生菌とほぼ同じ IgA レベルを示した．

2014年，ヤクルトの研究グループは，発酵食品から分離し保存

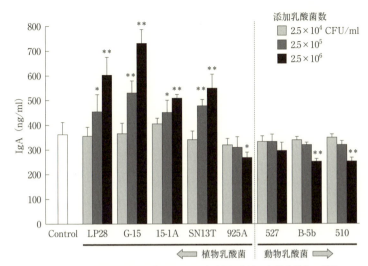

図5-3 パイエル板との共培養によるIgA生産量に関する各種乳酸菌の効果
mean±S.D., *$P<0.05$, **$P<0.01$ (Dunnettの多重比較検定)

していた *Lb. plantarum* YIT0132 を柑橘ジュースで培養して得られた乳酸菌発酵果汁飲料がスギ花粉飛散にともなうアレルギー症状や，QOLの悪化を抑制する効果を示すことをヒト臨床試験で実証した [5-2]．ちなみに，対照として用いた動物由来の乳酸菌 *Lb. lactis* や *Lb. casei* では効果は認められなかった．このように植物乳酸菌は，動物乳酸菌に比べアレルギー症状にも有効であることがわかってきた．

5.4 植物乳酸菌が活躍する日本酒製造

日本酒，すなわち，清酒の製造に不可欠な微生物といえば，麹菌と酵母である．蒸した米に麹菌の分生子（胞子のこと）を接種し，培養すると分生子が発芽して，蒸米の表面に菌糸が形成される．麹

菌は液体培地ではなく，米のような固体培地で培養すると，米のデンプンを分解してブドウ糖を生成させる酵素「アミラーゼ」を多量につくる．それが「米麹」と呼ばれるものである．米麹づくりは完全な無菌室で行われるわけではないため，米麹に雑菌が混入しそれが増殖してしまうリスクは高い．そこで酒づくりは，米麹に乳酸を加えて酸性 pH の環境をつくることで雑菌を抑えながら酵母を培養する，いわゆる酒母づくりから始まる．現在，一般的に行われている速醸酛（そくじょうもと）という酒造方法は，酒母を仕込む工程で市販の乳酸を添加して，手早く酒母を完成させるのに対し，江戸時代には生酛造り（きもとづくり）が一般的な方法であった．具体的には，酒造蔵に昔から住み着いている乳酸菌の力を借りて乳酸を生成させ，速醸酛の 2 倍ほどの期間をかけじっくりと酵母を増殖させる．具体的には 25 日間ほどの期間をかけて酵母を育て，醪をつくる．ちなみに，酒税法の定義によれば，醪は米麹に酒母を加えてアルコール発酵させた醸造産物であり，醪を濾過して得られた濾液が日本酒である．著者は，植物乳酸菌の活用を目的に，広島県三次市の酒造会社との共同研究を進め，最終的に梨から分離した植物乳酸菌 *Lactobacillus plantarum* SN35N を選定して，乳酸を生成させることで雑菌の繁殖を抑制し，消費者から評価の高い辛口の日本酒を製造することに成功した．今や，広島大学ブランドの日本酒として，本学の生協から販売されている．ちなみに，この清酒は吟醸酒ではないにもかかわらず，フルーティーな香りとアルコール度が通常の日本酒より少し高いことが特徴で，「安芸みどり」と命名された．その名付親は広島大学長（浅原利正教授）であり，広島は昔，「安芸の国」と呼ばれ，かつ，広島大学のスクールカラーが「緑」であることに由来する．このように，植物乳酸菌が日本酒づくりにも貢献している（図 5-4）．

図5-4　植物乳酸菌を清酒づくりに応用した「安芸みどり」

5.5 東洋医学における病気のとらえかた

　生活習慣病は,「元来その病気になりやすい体質に加えて,食べ過ぎ,飲み過ぎ,運動不足,喫煙などの生活習慣が続いた結果として,身体への負担が重なることで発病する病気」である.貝原益軒が著した,東洋医学に通ずる「養生訓」には,「本来,私たちの身体には治癒力が備わっており,生命力を十分に活かす方向に精神と

身体を誘導すべく意識的に努力すれば,治癒力が活動を開始して病気を克服できるかもしれない」と述べられている.そこでこの節では,東洋医学と養生訓のめざすところを解説する.

東洋医学,すなわち漢方医学では,病気は血液循環が悪いために起きるとされ,それは"気"が滞っているためと考える.養生訓には,以下のことが記述されている.「素問(そもん:古代中国の医書)に,怒れば「気」上る.喜べば「気」緩まる.悲しめば「気」消ゆ.恐るれば「気」めぐらず.寒ければ「気」閉ず.暑ければ「気」乱(みだ)る.労すれば「気」減る.思へば「気」結ると言えり.百病は皆「気」より生ず.病とは「気」やむ也.故に養生の道は「気」を調(ととの)うにあり.調ふるは「気」を和らぎ,平(たいらか)にする也.およそ「気」を養(やしのふ)道は,「気」を減らさざると,ふさがざるにあり.「気」をやわらげ,平(たいらか)にすれば,此の二つの憂ひなし」.これを要約すれば,「病気はすべて気が病むことであり,それを整えるには,気をやわらげ,平らにすることが大切で,そうすれば,気を減らさないし,気が塞がらない」と述べている.さらに,食欲,色欲,労働が度を越えると養生の害がでるし,睡眠も過度になると,元気が滞って病気になってしまうとも述べている.著者はこのことをもう少し知りたいと,貝原益軒の著書「養生訓」を読んでみた.「養生訓」によると,養生するとは,身体に留意して健康増進を図りながら日常生活を送ることである.すなわち,養生とは病気にならないための予防医学ともいえる.他方,西洋医学では病気になった人を対象に治療するが,日ごろから病気にならないように心がけることのほうが大切であることはもちろんである.養生の具体的な方法は「養生訓」に記され,「みずからを自然に委ね,日常の生活を律し,心の安定を図る生き方」をすれば,健康長寿が延伸できることを教えて

いる．とはいっても，現代人にとってはかなり難しい生き方であり，「養生訓」的な人生の過し方は努力目標なのかもしれない．

　貝原益軒は，寛永7年（1630年），黒田家に仕える下級武士の家に生まれた．少なくとも少年期は貧困生活を過ごした．その後，江戸に出て医者になりたいとの願望から勉学を重ね，次第に彼の学識が周囲に認められるようになった．そして，医の知識をもった藩士として27歳のときに雇用された．その後，71歳までその藩に勤務し，85歳で生涯を閉じた．益軒は，若いときの不遇生活から何とか脱却しようと，生涯にわたり努力に努力を重ねた結果，晩年になって収穫の時を迎え，数々の名著を残した．1713年に出版された「養生訓」は，なんと80歳を超えてからの著書で，漢文でなく民衆が平易に読める古文（和文）で書かれている．「養生訓」は人が生きていくうえでの「人生の指針」を示した書物でもあったともいえる．

　他方，中国最古の医学書に「黄帝内経（こうていだいけい）」という書物がある．そのなかに「未病を治す」との言葉が載っている．「黄帝内経」は「前漢」の時代に編纂され，「鍼経」と「素問」として伝えられている．そして，中国「唐」の時代に王冰が表した「素問」と「霊枢（鍼灸や治療法を記載した臨床医学書）」のなかに，未病から脱却するためには，生薬が有効であると記載されている．漢方医学では，感情と内臓には密接な関係があるとの立場をとる．感情，すなわち，喜怒哀楽が閾値を超えると，臓器に何らかの影響が現れる．そのため，臓器が不調なときには，その臓器に特有な「喜」，「怒」，「哀」，もしくは「楽」のいずれかの感情が高まりやすい．このことは「養生訓」にも記載されている．さらに，漢方医学では，精神的ストレスの影響を一番受けやすい臓器は，「肝」であるとしている．生命のエネルギーである「気」がストレスにより身

体に滞留すると,肝による制御が不完全となり,やがて肝機能が低下してくる.肝は,自律神経や血液循環の調整を担う臓器でもあるため,肝が不調になると,イライラ,溜息,胸のムカつき,膨満感といった症状が出やすくなる.さらにストレスが続くと,赤面,耳鳴り,のぼせ,頭痛やめまいなどの症状も出てくる.

漢方医学では,「怒りは肝臓」,「喜びは心臓」,「思いは脾臓」,「悲しみや憂いは肺」,「驚きと恐怖は腎臓」に影響を与えるものとしている.このように,ストレスや不安は肝を不調にさせることから,肝機能の改善を促すことが精神面にも良い影響を及ぼすことにつながるものと期待できる.これからの乳酸菌の保健機能性に関する研究対象として,心の安定性や肝機能の予防改善がターゲットとなる.

⑥ 東洋の食文化と乳酸菌

　著者にとって漬物といえば，沢庵のほか，なすやきゅうりの漬物などが脳裏に浮かぶ．漬物は長期保存性に優れ，独特の風味をもった食欲をそそる発酵食品であることは周知のとおりである．漬け込みの際に用いる食塩は，雑菌の汚染を防ぎ，かつ，高い浸透圧を生じさせる効果をもっている．また，漬物の種類によっては，乳酸発酵により生成する乳酸や香気成分が漬物素材の保存性や風味を向上させるのに一役買っている．すなわち，乳酸の生成によって，漬け込み環境の pH が酸性側にシフトするので，腐敗や食中毒の原因菌の繁殖を抑えることができる．

　通常のヨーグルトなどの製造に用いる動物乳酸菌は，乾燥，熱および酸に弱いので胃酸で容易に死滅しやすいが，植物乳酸菌は胃酸や胆汁酸に強いものが多く，生きたまま腸に届くため，プロバイオティクスとして大きな注目を集めている．この章では，アジアの食文化としての漬物を例に挙げて，植物乳酸菌の特徴とヘルスケア効果について述べる．

6.1 糠漬け乳酸菌

漬物には「非発酵漬物」と「発酵漬物」とがある．酢漬け，福神漬け，梅干などは非発酵漬物である．沢庵漬けや白菜漬けに代表される，糠漬け，麹漬け，かぶらずし，なれずしは発酵漬物である．特に，糠漬けは日本固有のものであり，かぶ，きゅうり，白菜，なす，大根などを，食塩を添加した米糠（こめぬか）に漬け込んだものである．米糠中で乳酸菌や酵母が増殖すると，乳酸，アルコールが生成され，タンパク質や含硫アミノ酸が分解されて独特の匂いを生ずる．米糠に含まれるミネラルやビタミン類は発酵過程で漬物中に浸透するとともに，発酵に関与する微生物もまたビタミンをつくる．その結果，できあがった漬物は栄養たっぷりの機能性食品となる．質素な食生活を送っていた昔は，漬物が滋養強壮剤としての役割を担ってきた．

海外の漬物の多くは，酢漬けやワイン漬けのように，限定された液体に漬けるものであるのに対し，日本では，海外の漬物には見られない，味噌，米糠，麹など固体状の漬け床も豊富である．また，米糠を始めとした漬け床は繰り返し使えるので，乳酸菌の連続発酵装置といえるかもしれない．漬物を漬けるときの注意点としては，野菜の出し入れ時に，糠床を上下に混ぜ返して通気する必要があるとともに，糠床に水分が多く滲み出してきたら，新しい米糠と食塩を加えて，糠床を適度の硬さに保つことも必要である．漬け床に飲み残しの清酒，酒粕，昆布，唐辛子などを添加しておくと，漬物の風味はさらに深いものとなる．

発酵漬物の製造に関与する微生物は乳酸菌．その菌種として，浅漬けではロイコノストック・メゼンテロイデス（*Leuconostoc mesenteroides*）が活躍する．この菌種は食塩に対する耐性度が8%と

低いが，テトラジェノコッカス属やペディオコッカス属の乳酸菌は20％程度の食塩に対して耐性を示す．さて，発酵漬物として有名なものとして，京都の伝統的漬物である酸茎漬け（すぐきづけ）がある．漬物の素材は「かぶ」の変種である酸茎蕪（すぐきかぶら）の葉と「かぶら」である．酸茎漬けは京都産だけではない．京都産の酸茎漬けは食塩を用いて漬けるが，長野県木曾産の酸茎漬けは，赤蕪の葉を用い，食塩なしで乳酸発酵させる．いずれにしても，酸茎漬けは調味なしの日本で唯一の自然漬物なのである．岸田綱太郎（元京都府立医科大学教授）によって，京都の酸茎漬けから分離された乳酸菌は *Lactobacillus brevis* subsp. *coagulans* であった．この乳酸菌は，通称「ラブレ菌」とも呼ばれ，大手食品会社が製品づくりに用いている．

　日本の漬物は，動脈硬化，糖尿病，高脂血症（脂質異常症）などの生活習慣病や癌，ならびにダイエットにも有効であるとの報告があることを踏まえると，健康維持に欠かせない妙薬ともいえる．また，日本の漬物は根菜であることが多いが，それは食物繊維を含むので，根菜漬物を積極的に食べることにより，便秘がちで宿便が大量に溜まったことが原因で発症する大腸癌を予防できるかもしれない．塩分の取り過ぎは，高血圧や脳卒中などの原因になることから，漬物は高塩分食品というイメージが強く，敬遠がちであった．ところが，漬物が高塩分だったのは昔の話で，最近では，各漬物メーカーは，積極的に塩分の低い漬物の開発を進めている．漬物には，ビタミン類や食物繊維などの栄養素が豊富に含まれている．漬物の低塩分化が進んでいる現在，健康食品としての評価は高く，昔のイメージで漬物の塩分を気にするより，漬物のもつ豊富な栄養分に大いに注目すべきである．

　かつて著者は，地域産業の活性化の一環として，広島市内の漬物

会社と連携して，γ-アミノ酪酸（γ-amino butyric acid: GABA）入り漬物をつくった．具体的にはニンジンの葉から分離した，GABAを高生産する乳酸菌 *Enterococcus avium* G-15 を種菌とし，瀬戸内産の温州みかん果汁を培地として発酵させると，G-15 株がGABAを大量生成することを見いだした．最終的には，GABA発酵液に「広島菜」を浸して，発酵漬物としたのである．

6.2 キムチの機能性と乳酸菌

朝鮮半島が世界に誇る漬物はキムチである．唐辛子とニンニクがかなり多く含まれているので，ニンニクの強烈な匂いと，唐辛子による激辛な味が特徴である．韓国の朝昼晩の食卓には必ずキムチがあり，街の食堂に入って食事をしてもキムチは無料でおかわりできる．キムチ独特の風味は乳酸菌が増殖したことにより醸し出されたものである．ペチュ（白菜）キムチの漬け方は以下のようである．まず，白菜を縦に四分割後，最終濃度で2～3%の食塩を加え，重石をして一晩漬ける．それを「下漬け」と呼び，次に漬け床づくりを行う．具体的には，唐辛子の粉とニンニクのすり下ろし，生姜の搾り汁，ひこ鰯の塩辛の水煮の搾り汁を加えるとともに，食塩を混ぜて漬け床をつくる．「本漬け」は，下漬けと同じ素材を用いるが，配合比は若干異なっている．当然ながら，2～3%食塩を用いて下漬けされた野菜が必要である．ちなみに，本漬けのための重石は，材料野菜の半分の重さを用いる．キムチづくりの主役となる乳酸菌は，野菜の表面に付着しているものである．ダイコンをサイコロ状に切って漬け込んだキムチを「カクトゥギ」と呼び，「水キムチ」も韓国の名産である．

著者の友人である韓国の釜山国立大学キムチ研究所の朴教授は，腫瘍に対する抑制効果のある乳酸菌をキムチから分離する研究を進

めている.彼は,最適条件(pH 4.2～4.3,総酸度 0.6～0.7％)で発酵したキムチには,1 mL あたり 10^8 個の乳酸菌が存在することを観察した.その乳酸菌のおもな菌種はロイコノストック属とラクトバチルス属である.キムチには乳酸,酢酸,コハク酸,プロピオン酸のような有機酸,ビタミン B の混合物,それに機能性植物化学物質が含まれている.キムチの抗腫瘍効果はこれまでにも報告されているが,それは,抗酸化物質,植物化学物質およびキムチ特有の乳酸菌による組成物と関係している.キムチの抗腫瘍活性を高めるためには,有機栽培野菜とニガリのない海塩を選ぶことが大切で,キムチ製造用の陶磁器製の瓶に入れて,pH 4.2,低温で製造したときに,キムチは最も高い抗腫瘍活性を示した.そのうえ,キムチ乳酸菌には変異原性を抑制する働きがあった.また,キムチから分離された *Lb. plantarum* と *Leuconostoc mesenteroides* は,マウスの肉腫細胞株であるサルコーマ 180 を移植したマウスの腫瘍形成を阻害した.また,キムチ乳酸菌は,キムチを食べている間,ヒト結腸中の β-グルコシダーゼと β-グルクロニダーゼを減少させ,短鎖脂肪酸を産生した.この結果は,結腸癌の予防にキムチが有効であることを示唆する.他方,著者らは,キムチから 925A 株と命名したバクテリオシンをつくる乳酸菌を探索分離し,得られた乳酸菌を *Lb. brevis* と同定した.この乳酸菌種は京都の漬物である酸茎漬けから分離された「ラブレ菌」とほぼ同じである.*Lb. brevis* はヘテロ型乳酸発酵菌なので,乳酸以外に炭酸ガスを生ずる.したがって,炭酸ガスで膨張する恐れがあるので,たとえば,ヨーグルト用の容器やフタについては材質を考慮する必要があるとともに,ガス発生への制御技術も必要となる.

　カゴメ株式会社は,岸田綱太郎(元京都府立医科大学教授)が酸茎漬けから分離し,カゴメ㈱が製品づくりに使用しているラブレ菌

(*Lb. brevis* subsp. *coagulans*）がもつ免疫機能の向上作用に着目した．具体的には，栃木県内の小学生 2,926 名を対象に，ラブレ菌の継続的な摂取によってインフルエンザの罹患リスクが低減されるか否かを調査した．その際，児童を 2 つのグループに分け，ラブレ菌を継続的に摂取した児童群と，非摂取の児童群を比較したところ，ラブレ菌非摂取グループのインフルエンザ罹患率が 23.9% だったのに対し，ラブレ菌摂取グループの発症率は 15.7% と 8.2% も低かったことを公表している．

ところで，生体内にウイルスや癌細胞が侵入した際，細胞が反応して分泌する「インターフェロン」というタンパク質がある．この物質は，ウイルスや癌細胞の増殖を抑止し，免疫機能の向上や炎症を抑える働きのほか，NK（ナチュラルキラー）細胞を活性化する作用もある．興味深いことに，ラブレ菌には体内でインターフェロンの分泌促進作用があることを報告している．

6.3 醤油と乳酸菌

漬物と同じく，醤油もまた，乳酸菌が関与する発酵食品の 1 つである．醤油を製造するには，まず，蒸した脱脂大豆と小麦を混合し，アスペルギルス・ソーエ（*Aspergillus* (*A.*) *sojae*）および，アスペルギルス・オリゼー（*A. oryzae*）などの糸状菌（カビ）の分生子を接種し，3 日間ほど培養すると麹ができる．次に，発酵タンク内に最終濃度で 22% の食塩水と麹を混合し，時々かき混ぜながら，1 年の発酵期間をかけて「醪」をつくる．成熟した醪は，圧搾，濾過し，さらに 60℃ に加熱（これを火入れと呼ぶ）後，防腐剤（パラオキシ安息香酸ブチルエステルを加えて耐塩性の産膜酵母を押さえるため）を加え，最終的に容器に詰める．ちなみに，醤油の製造に用いる麹菌は菌糸が短く，タンパク質分解能とグルタミン酸の生成

能が高い.通常,仕込み後,1～2カ月で麴菌は死滅する.その菌体から溶出した酵素が,原料のタンパク質をペプチドとアミノ酸に分解し,一方,でんぷんをデキストリン・麦芽糖・ブドウ糖に,また,脂肪を脂肪酸とグリセリンに分解する.醬油製造時に寄与する乳酸菌は,食塩耐性がきわめて高い *Tetragenococcus halophilus* である.なお,醬油製造時には酢酸菌も増殖し,これらの菌によって生じた乳酸や酢酸の一部が,アルコールやエステルとなって芳香を生じさせる.

6.4 日本型食生活の今後

2010年8月に開催された「静岡食育推進ワークショップ」で,「日本型食生活のすすめ」と題して,東海大学の末永美雪先生が講演した内容を以下に紹介する.

近年,わが国の食生活の欧米化が進み,日本型食生活が崩壊したといわれているが,食生活調査からはそういい切れない結果が報告されている.すなわち,実際に喫食調査をしてみると,日本人の食生活は欧米化傾向が強まってはいるが,食事形態の主流は依然として日本型食生活といわれる「白飯,味噌汁,魚料理,漬け物」を中心に組み立てられている.そこで,今の日本に求められている「真の食生活」はどのようなものなのか.

まず,一般的に認識されている典型的な日本型食生活とは,「米飯を主食とし,主に魚,野菜,海藻を主菜・副菜として,そこに味噌汁を加えて構成された食事形態」のことをいう.他方,「パンを主食とし,主に卵,肉およびその加工品・野菜の主菜・副菜とスープ,飲み物で構成された食事形態」が欧米型食生活である.日本型食生活の利点は,栄養バランスが整いやすいこと,脂質の摂取量が低めであること,副菜が和食,洋食,中華料理のいずれでも合うた

め,バラエティに富んだ食卓が整いやすいこと,米が粒食であるため,血糖値の上昇がゆるやかで健康的であることが挙げられる.一方,欧米型食生活の利点は,塩分が少なめで,乳製品の摂取でカルシウムが得られやすく,日本の幼児や若者にとって嗜好性が高いといったことである.第2次世界大戦後,日本型食生活が崩壊していった理由として,産業構造や家族形態の変化,それに女性の社会進出といったことが挙げられる.もう1つは,食事における価値観の変化で,たとえば,食に対する意識変化,経済優先・効率優先主義の浸透といったことが挙げられる.この考え方は現代の食環境の現状を反映しているものと著者は納得できる.食環境において,人々の価値観が変化し,食生活を自ら創り出すものではなく,たくさんある選択肢から,適当に選べば事足りるものであると考える人が増えてきた結果であり,これがファーストフードにみられるように,「食の簡便化の進展」という形で表れている.

　近年,偏食や運動不足などの生活習慣に起因する,肥満,糖尿病,脂質異常症,動脈硬化症,心疾患・脳血管疾患,大腸癌の増加が,日本型食生活と強く関連づけられて議論されるのは,和食の好きな著者としては少々残念である.末永先生の提案する「日本型食生活」は昔のスタイルではない.先生は以下のように述べている.かつて,日本型食生活は,島国で,かつ,限られた食資源しかなかった環境に適応すべく,長い年月をかけて培われてきた.ただし,塩分過剰,献立のバラエティの貧困,調理形態の単一性などの問題点があったのは事実である.健康で生き生きと生活するため,日本型食生活と欧米型食生活の両者の良いところを兼ね備えた,誰もが実行可能な「新しい日本型食生活」が望まれる.その根底には「自らの健康は自ら守り創り出すものである」というセルフメディケーションの意識が強く求められる.

⑦ 乳酸菌の医薬・医療への挑戦

　2013年の厚生労働省の調査によると，日常生活で身体を動かすことを「実行しており，習慣化している人」の割合は，男女ともに3割を超え，2006年に比べて増加している．年齢階級別にみると，男性では70歳以上，女性では60歳代が最も高く，それぞれ44.9%，43.1%であった．一方，「実行していないし，実行しようとも考えていない人」の割合は，男性では30歳代，女性では20歳代が最も高く，それぞれ13.4%と12.6%であった．すなわち，若者に比べると高齢者は健康維持にかなり気を配っている姿が覗える．

　先述したように，世界中で肥満は増え続けており，過体重と肥満の合計は，1980年には8億8,500万人であったものが，2013年には21億人にまで達した．この「世界肥満実態調査」は，ワシントン大学健康指標評価研究所が188カ国の最新のデータをまとめ，著名な国際医学雑誌「Lancet」に公表した．その論文によれば，2013年の世界の成人の過体重と肥満の割合は，男性は37%，女性は38%であった．ちなみに，1980年には男性は29%，女性は30

％だった.世界の肥満者数を合わせると6億7,100万人で,肥満国の1位は米国(8,690万人),2位が中国(6,200万人),3位がインド(4,040万人)であった.BMI値が23を超えると,心血管疾患,癌,Ⅱ型糖尿病,変形性関節症,慢性腎臓病を発症するリスクが高くなる.事実,2010年に肥満や過体重が原因で死亡した人数は世界で340万人と推定され,その死亡の大部分は心血管系疾患であった.今や肥満の増加は世界的傾向で,人類は肥満を克服しない限り,老衰での人生の終焉は難しい.

7.1 肝機能を改善する植物乳酸菌～ヒト臨床試験による評価～

植物乳酸菌は乳中での増殖が困難なことから,ヨーグルトの製造には適さないことは業界では常識であった.著者らの研究グループは,「乳に酒粕を少量添加すると,植物乳酸菌が乳中で爆発的に増殖する」現象を偶然見いだした.この結果,植物乳酸菌のみによるヨーグルトの製造が可能となり,その新規製造技術で特許を取得した.2004年には広島県府中町の乳業会社との産学連携製品として,商品名「植物乳酸菌から生まれたヨーグルト」が製品化された.この技術が評価され,著者は平成20年度の文部科学大臣表彰科学技術賞「技術部門」を受賞した.

乳酸菌やビフィズス菌の摂取により整腸作用が認められることは数多くの研究報告からも明らかで,わが国では乳酸菌やビフィズス菌の製剤が医薬品として薬価収載されている.また,ヒト臨床試験による科学的エビデンスを得て,特定保健用食品(トクホ)として認定されたヨーグルトも市場に出回っている.

先に述べたように,植物乳酸菌は動物乳酸菌と比べ胃酸および胆汁に対する高い耐性を示すことから,生きたまま腸管内へ到達する割合がきわめて高く,より優れた整腸作用が期待できる.著者らの

表7-1 ヒト臨床試験で摂取したヨーグルトの構成菌株と被験者数

種類	構成菌株（比率）	被験者（名）
ヨーグルトA	*Lb. plantarum* SN35N (95) *Lb. plantarum* SN13T (5)	24
ヨーグルトB	*Lb. plantarum* SN35N (2) *Lb. plantarum* SN13T (98)	22
ヨーグルトC	*Lc. Lactis* subsp. *lactis* 527 (86.1) *St. salivarius* subsp. *thermophilus* 510 (13.8) *Lb. delbrueckii* subsp. *bulgaricus* B-5b (011)	22

Lb: *Lactobacillus*; *Lc*: *Lactococcus*; *St*: *Streptococcus*

　研究グループは，植物乳酸菌ヨーグルトの整腸作用を評価すべく，被験者ボランティアを募り広島大学病院でヒト臨床試験を実施した.

　この試験では，A，B，Cと命名した3種類のヨーグルト（表7-1）を用意し，二重盲検法による無作為化対照比較試験として実施した．被験者68名の健康診断と2週間の前観察期間を経て，各グループに該当するヨーグルトを1日100gずつ6週間摂取してもらい，血液の生化学パラメータおよび排便回数について評価試験を実施した．その結果，ヨーグルト摂取開始前には，1週間の排便回数が5回以下であった被験者30名を抽出し，各種ヨーグルトの摂取効果を検証したところ，植物乳酸菌ヨーグルトAおよびBを摂取した群では，それぞれ排便回数が1.5～1.8倍に増加した．一方，動物乳酸菌ヨーグルトCの摂取群では横ばいであった（図7-1）．また，肝機能を示す数値がやや高い被験者（18名）を抽出し，彼らの血液の生化学的パラメータを解析したところ，ヨーグルトBの摂取群においては，試験開始直前と比べγ-GTPの値が有意に25％低下していた（図7-2）．2010年，米国の国際学術雑誌「Nutrition」に発表したこの臨床研究論文［7-1］は，特定乳酸菌で製造されたヨーグルトの摂取により，肝機能数値の改善効果が認められること

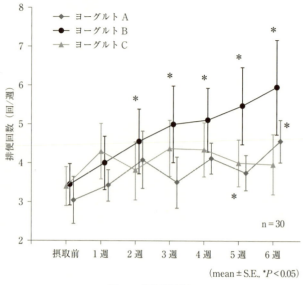

(mean ± S.E., *$P<0.05$)

図 7-1　評価試験結果

を明らかにした初めての報告であったことから，2012 年，第 14 回 John M. Kinney Award を受賞した．ちなみに，食品の保健機能性評価のためのヒト臨床試験は，広島大学大学院医歯薬学総合研究科に設置した寄附講座「臨床評価・分子栄養科学講座」で実施した．この講座は，文部科学省・知的クラスター創成事業「広島バイオクラスター・杉山プロジェクト」において産学連携での多くの保健機能性食品を開発した成果を受け，機能性食品の有効性を科学的に検証する組織を広島大学内に設置したいと考えたことがきっかけである．その設置にあたっては，機能性食品の開発から評価までを一貫して地域で行うとの構想の下，食品会社や医薬品企業，ならびにこれに賛同する個人の方々に協力をいただいた．平成 19 年度に 3 年

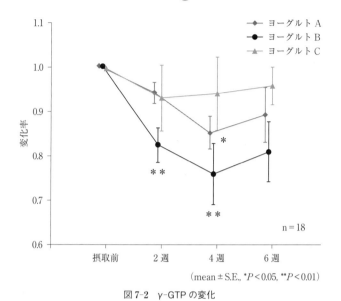

図 7-2 γ-GTP の変化
(mean ± S.E., $^*P<0.05$, $^{**}P<0.01$)

間の期限付きでスタートした寄附講座の終了後の平成 22 年度からは,「臨床評価・予防医学プロジェクト研究センター」を設置し,寄附講座で実施されていた食品のヒト臨床評価機能を移行した.現在,本センターでは,民間企業からの委託希望に沿うべく,食品や化粧品分野のヒト臨床試験を積極的に受託している.

7.2 わが国の三大疾患

日本人の死亡原因の第 1 位は癌,第 2 位が心疾患,第 3 位が脳血管疾患(脳卒中)と続く.わが国ではこの三大疾患を合わせると全死因の何と 60% を占める.癌は,これまで正常であった細胞が,突如,変異して無秩序に増えていくことにより引き起こされる.正常な細胞を突然癌細胞に変えてしまう因子として,発癌物質の存在

が知られている．肺癌は喫煙を長く続けると高い確率で発症する．また，正常な腸内細菌叢のうち，悪玉菌が増えると，それらがつくるニトロソアミンなどの発癌物質が増えるために癌のリスクも高くなる．みぞおちの痛みや吐き気などが続くと胃癌が疑われ，血便や便潜血をともなうなら大腸癌，頑固な咳や血痰が続くときには肺癌が疑われる．乳癌の場合は触診で胸のシコリに気づいて発見されることが多い．

　心臓に栄養と酸素を送る冠状動脈が塞がると，酸素不足になって起きる病気が心疾患である．冠動脈の一部が詰まった場合には狭心症が疑われ，完全に冠状動脈が塞がると血流が遮断されてしまうので，そこから先の細胞が壊死してしまう．食生活の乱れ，運動不足，喫煙，ストレスによっても血管の弾力性が失われ，血管が塞がりやすくなる．心臓に激痛が走る狭心症の発作は，我慢していれば2～3分ほどで痛みが減少するが，心筋梗塞では心筋の部分的壊死が始まっているので，激痛が長時間続くことになる．さらに，左肩，首筋，あご，喉も痛み出した場合には，早急の治療が必要である．

　脳血管疾患の1つは脳卒中である．脳の動脈が詰まって血流が妨げられる，いわゆる脳梗塞と，脳の冠動脈が破裂して出血する脳出血が知られている．動脈破裂の要因のほとんどは高血圧が原因である．脳圧が高いと血管に負担がかかり，傷害されやすい．重症の場合には意識不明の状態となる．また，脳卒中では，意識障害，手足の運動障害が引き起こされる．脳梗塞の場合，目の焦点が合わず，手足のシビレ，めまい，うまくしゃべれないなどの前兆症状が認められる．脳出血の場合には，頭が重い，吐き気がする，頭が激しく痛むなどの前触れがある．これらの病気で日本人の死因の第3位までを占めている．しかしながら，その前段階として陥りやすい生活習慣病が，高血圧症，高脂血症（脂質異常症），糖尿病などである．

糖尿病は，膵臓でつくられるインスリンが慢性的に不十分な状態を示す病気である．インスリンはホルモンの一種で，不足すると血糖値が上がり，ブドウ糖をエネルギーに変えることができない．頻繁に喉が渇き，最近になって痩せてきた，目がかすむ，疲れやすいという症状が出る．この症状がある場合には，すでに病状が進行してしまっている状態である．空腹時の血糖値は，70～110 mg/dLが正常であるが，その値が 126 mg/dL 以上であると糖尿病と診断される．40歳代以上になると糖尿病を患う人が多くなる．そこで，毎年，健康診断を受け血液検査することが重要である．糖尿病が進行すると，網膜症や腎症のほか，神経障害をも引き起こすリスクが高くなる．

高脂血症は血中の脂質量が増え過ぎてしまう病気であるが，最近は高脂血症とはいわず，脂質異常症と呼ぶようになった．脂質が血管内腔に付着すると血管内腔が狭くなるので，血流が滞ってしまう．コレステロールは身体に必要ではあるが，過剰摂取すると血管閉塞のリスクが高まってくる．脂質量の多い食品の採り過ぎや，運動不足が血中コレステロールや中性脂肪の増大を招く．総コレステロール値が 220 mg/dL，中性脂肪が 140 mg/dL 以上は脂質異常症と診断される．その症状に高血圧や尿糖異常が加わると，例え，総コレステロール値が 200 mg/dL 以下でも危険である．脂質異常症を治療せずに放っておくと，動脈硬化，心臓病，脳梗塞へと移行する確率が高くなる．

7.3 高血圧疾患の現状

認定 NPO 法人日本高血圧協会によると，2014年4月，日本人間ドック学会と健康保険組合連合会（健保連）の調査研究小委員会は，健康診断での新しい正常血圧の基準値として収縮期血圧は

147 mmHg まで，拡張期血圧は 94 mmHg までとした．それまでは，140/90 mmHg 以上が高血圧とされていた．世界的には高血圧の基準は 140/90 mmHg 以上であり，収縮期，拡張期ともにその基準を下回っていれば，正常域である．ちなみに，正常域でも，**表 7-2** に示すように，至適，正常，正常高値の 3 段階に分かれている．至適血圧を超えれば超えるほど，脳卒中や心筋梗塞などの心血管病が発症しやすくなる．また，高血圧を治療することによって心血管病の発症が減ることも確認されている．

表 7-2　日本高血圧学会の血圧分類

		収縮期血圧 (mmHg)		拡張期血圧 (mmHg)
正常域血圧	至適血圧	<120	かつ	<80
	正常血圧	120−129	かつ／または	80−84
	正常高値血圧	130−139	かつ／または	85−89
高血圧	Ⅰ度高血圧	140−159	かつ／または	90−99
	Ⅱ度高血圧	160−179	かつ／または	100−109
	Ⅲ度高血圧	≧180	かつ／または	≧110
	(孤立性) 収縮期高血圧	≧140	かつ	<90

日本人間ドック学会と健保連とで決めた「正常」の基準値は，健常人の検査結果に基づいてその 95% の人の検査値の範囲を示したものであり，100 名の健常人のうち，95 名の値はこの基準値の範囲にあったことを示している．言い換えれば，診断や治療の観点から判断すると，高血圧の基準は 140/90 mmHg 以上であることには変わりない．

厚生労働省発表の「人口動態統計」によると，2013 年の 1 年間の死因別死亡総数のうち，高血圧性疾患による死亡者数は 7,165 名

で,その内訳は,高血圧性心疾患および心腎疾患が3,660名,その他の高血圧性疾患が3,505名であった.また,2012年度の国民医療費は39兆2,117億円で,前年度の38兆5,850億円に比べ6,267億円の増加であった.また,2012年度の人口1人あたりの国民医療費は30万7,500円で,前年度の30万1,900円に比べ1.9%増加した.さらに,国民医療費の国内総生産(GDP)に対する比率は8.30%(前年度8.15%),国民所得に対する比率は11.17%(同11.05%)であった.このうち,高血圧性疾患の医療費は1兆8,740億円で,年齢別で比較すると,0～14歳が1億円,15～44歳が386億円,45～64歳が4,329億円,65歳以上が1兆4,024億円であった.この結果は高齢者になればなるほど医療費が高いことを示している.厚生労働省の試算では,国民の血圧が平均2 mmHg下がると,脳卒中による死亡者は1万人ほど減り,循環器疾患全体では,何と2万人の死亡を防ぐことができるという.高齢化が進み,医療費もますます増えている現代の社会情勢からすると,高血圧の予防や改善は国策として図っていくべき課題といえる.

7.4 GABAを大量につくる植物乳酸菌

乳酸菌の中にはGABAを生産するものがいる.GABAを生産する乳酸菌が保有するグルタミン酸脱炭酸酵素の触媒作用でグルタミン酸が脱炭酸されることにより,GABAが生成される.GABAは動植物に広く分布している.脳内のグルタミン酸量が多くなると,神経が常に興奮状態となり,全身に悪影響を与える.その悪影響の代表が血圧上昇であり,GABAはグルタミン酸の上昇を抑えるブレーキ役として機能する.すなわち,神経の興奮を抑える働きをもつGABAは,血圧降下作用のほか,精神安定,糖尿病症状の抑制および抗利尿などの作用がある.近年,GABAのニーズの高まり

とともに，GABAを高生産する微生物の探索や乳酸菌によるGABAの効率的生産技術開発が行われている．これまで，GABAの生産はさまざまな微生物において報告されているが，未だGABAの生産性は低いレベルにあり，製造コストが高いことが問題であった．

著者らの研究グループは，ニンジンの葉からエンテロコッカス・アビウム（*Enterococcus avium*）G-15 を分離するとともに，その菌株が培養液中にGABAを多量に分泌することを発見した．そこで，G-15株によるGABA大量生産システムの開発をめざした．乳酸菌によるGABAの生産はグルタミン酸脱炭酸酵素（Gad）によるものであることから，より高いGABA生産性を得るためには，グルタミン酸を大量に添加して効率的にGABAに変換させることが重要である．大量培養装置による培養において，G-15株のGABA生産は高濃度のグルタミン酸の蓄積により抑制されることを認め，培地中のグルタミン酸濃度を低く維持させる方法として，連続的な添加法を考案した．グルタミン酸の蓄積がGABA生産を抑制する機構は明確ではないが，培養初期よりも培養後期のほうが低濃度のグルタミン酸の蓄積でもGABA生産能は低下する傾向が認められたことから，培養の中期から後期にかけて，グルタミン酸添加濃度を精密に制御すれば，高濃度のGABAが得られる可能性があると推測した．最終的には，グルタミン酸の連続的な添加法を考案することにより，グルタミン酸ナトリウム 250 g/L から，93.4 % の変換率で，133.7 g/L の GABA を生産する技術の開発に成功した．

7.5 GABAをつくる生物学的意義

さて，乳酸菌は何のためにGABAをつくるのであろうか．おそ

らく,細胞内が酸に対するストレスを受けたとき,すなわち,細胞内が酸性に傾いたとき,細胞内のpHを一定に保つためにつくると考えられる.G-15株を好気培養したときGABAの生産が阻害されるのは,酸素により菌体内に産生されたH^+が消費されるため,GABAをつくる必要がなくなるからなのであろう.ごく最近,著者らはグルタミン酸脱炭酸酵素をコードする遺伝子(*gad*)の高発現性を調べるため,*gad*とその周辺領域にある遺伝子をクローニングした.

G-15株における*gad*のクローニングには,他の乳酸菌(*Lb. plantarum* WCFS1)の既知の*gad*配列を基にプライマーをデザインし,PCR法によりゲノムから*gad*遺伝子の一部を獲得した.本断片をプローブとし,全長7.8 kbの塩基配列からなるDNA断片を得た.相同性検索の結果,取得したその塩基配列の中に5つのORFが存在し,そのうちGABA生産に関与すると思われる3つのORFが含まれていた.1つ目は転写制御因子と相同性の高い*gadR*,2つ目はGABA輸送タンパク質と相同性のある*gadT*,そして3つ目はグルタミン酸脱炭酸酵素と相同性が高い*gadG*である.*GadT*遺伝子の上流にはプロモーター配列があり,*gadT*遺伝子の開始コドンの8 bp上流にはリボソーム接合部位がある.また,*gadT*の下流にはターミネーター構造はなく,*gadG*下流にヘアピンループ構造を取りうる配列があり,それがターミネーターであると思われる.以上のことから,*gadT*と*gadG*は,オペロンとして同時に転写されると推測している.

Enterococcus avium G-15において,*gad*クラスター内の各遺伝子は,グルタミン酸を添加しなくても発現したが,グルタミン酸存在下では発現量が増加したことから,これら遺伝子群がグルタミン酸によって誘導発現することが示唆された.次に,通気条件による

遺伝子発現の解析を試みたところ，培地へのグルタミン酸添加の有無にかかわらず，好気条件では *gadT* と *gadG* は発現しなかった．このことは，空気を通気する条件下で培養すると，GABA がほとんど生産されないことを裏づけている．GABA 生産に最適な pH 制御レベルは pH 5 で，制御する pH を 6.5 に上昇させると，菌体の増殖度が改善し，かつ，乳酸の生成量が約 2 倍に増加するものの，GABA 生産量は抑制された．したがって，G-15 株の GABA 生産は，生育や呼吸活性のような一次代謝とは同調しない代謝産物として生産されると推察される．

7.6 植物乳酸菌による脂肪肝の改善と肥満対策

生活習慣病は，食生活の乱れや運動不足のほか，喫煙やアルコールの飲み過ぎ，過剰なストレスなどが深くかかわっている．言い換えれば，日常の生活習慣を真摯に見つめ，それを改善すれば病気を予防することができる．ただし，間違った生活習慣が原因で起きる病気にはさまざまな種類があり，どこまでが生活習慣病といえるのか，はっきりした定義はない．わが国では，食肉の摂取量が欧米並みになったことも，生活習慣病を増加させた一因であるともいわれている．

つい最近まで，それほど感じたことはなかったが，2015 年の夏になって研究室の冷房の風がキツイと感じる日が多くなった．そこで，室内で着るための上着を購入しようと，広島市内のデパートに出かけ，紳士服売場で色合いの気に入ったジャケットをながめていた．しばらくしてその売り場の男性店員に，「胴周りからみて無理です．」と，背後から声を掛けられてしまった．やはり，肥満で得をすることはないと悟った．

2014 年 5 月 6 日付の朝日新聞グローブに，「今から 10 年前，14

億人だった地球の「太りすぎ」人口は今や19億人に膨らみ，毎年，260万人は肥満が原因で死んでいる」との驚きの記事が掲載された．わが国では，BMI値が30を超える肥満と認定される成人の割合は4.5％，世界ランクでは166位である．厚生労働省の国民健康・栄養調査によると，2010年におけるBMI値が25を超える人は25.8％の割合であり，1976年の18.2％から明らかに上昇している．ちなみに，BMIはBody Mass Indexの略で，肥満の度合いを表す国際指標で，BMI＝体重（kg）÷（身長（m）×身長（m））と計算される．

　肥満に遺伝子の変異がかかわっていることもわかってきた．超体重の子供を調べたところ，「レプチン」タンパク質がまったくつくられていなかったのである．レプチンは脂肪細胞から分泌され，脳の満腹中枢に働きかけて食欲を抑え，脂肪の分解を促進させる働きがある．レプチンがないと肥満を発症させるが，その量が多くても本来の機能を果たさなくなる．実際，肥満のヒトの多くは多量にレプチンをもっているものの，満腹感というシグナルを受け取ることができず食欲がとまらない．さらに，このレプチンには受け取り方にも問題がある．すなわち，体脂肪の多い肥満の人はレプチンを受け取る受容体が反応しにくい，いわゆるレプチン抵抗性となっていることがある．言い換えれば，肥満の人はレプチンから満腹サインがたくさん出ているにもかかわらず，受け取ることができず，結局，食べ続けてしまう．その結果，さらに太ることになり，結局，レプチン受容体の感受性が鈍くなる．最終的には食欲を抑えられずに肥満となっていくという悪循環に陥ることになる．

　肥満は生活習慣病の危険因子であることは間違いなく，肥満から引き起こされる病気を「メタボリックシンドローム」と呼んでいる．そのような背景から，平成20年度に採択された，文部科学省・都

市エリア産学官連携促進事業・杉山プロジェクトでは，生活習慣病であるメタボリックシンドロームの予防改善に効果を示す乳酸菌の探索研究を実施した．

最近，人々は食の安全を気にしつつ，健康維持のために機能性食品や健康サプリメントを活用している．このような社会状況のなかで，「付加価値の高い機能性食品」の開発を促し，競争力を高める努力が，医療費の削減と食品産業の活性化のために必要である．著者は，植物乳酸菌の新しい機能性を追求するとともに，それを活かした生活習慣病の予防改善に有効な革新的医薬品や保健機能性に優れたプロバイオティクス食品やサプリメント，さらには医薬品の創出を目指している．

まず，肥満の予防改善に有効な乳酸菌の探索研究を進めた．予備実験として，4種類の植物乳酸菌ペディオコッカス・ペントサセウス LP28，プランタルム菌 SN13T，多糖をつくるプランタルム菌 SN35N，エンテロコッカス・ムンディティ 15-1A のほか，動物乳酸菌としてブルガリア菌 B-5b を用い，あらかじめ高脂肪を摂食させて肥満にさせた C57BL/6J マウスに，これら乳酸菌のいずれか1菌株を与えた場合の体重の増減を比較した．その結果，体重減少に効果のあった LP28 株と SN13T 株を選定し，以下に示す本実験を実施した．まず，7〜8週齢の雄マウス（C57BL/6J）に対し，高脂肪食を6週間与えて高肥満と脂肪肝を誘発させた．次に，この肥満マウスを3グループに分け，グループ1は，同じ高脂肪食を摂食させたマウス，グループ2は，高脂肪食とともに LP28 株の菌体，グループ3は，高脂肪食と SN13T 株の菌体を，8週間摂食させたマウスについて体重増加の比較を行った．その結果，LP28 株を摂食したマウスは，非摂食マウスに比べ，体重増加（図7-3）と体内脂肪の蓄積（図7-4）がともに抑えられ，かつ，SN13T 株を摂食

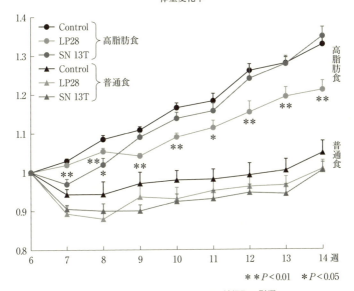

図7-3 体重変化におよぼすLP28株摂取の影響

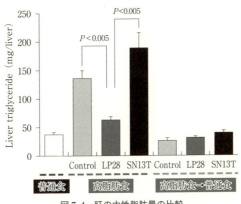

図7-4 肝の中性脂肪量の比較

したマウスよりも体重増加は抑制された.

近年, 目的細胞の遺伝子発現変動を調査できる「マイクロアレイ解析法」が開発されている. 著者の研究グループでは, LP28 乳酸菌の摂食および非摂食マウスから, それぞれ肝臓を摘出し, 得られた肝臓における各種遺伝子発現の変動を DNA マイクロアレイ解析した. その結果, CD36 antigen, SCD 1, PPARγ のそれぞれの遺伝子の発現が変動した. それを確認するため, リアルタイム PCR という手法でこれら遺伝子を解析したところ, いずれの遺伝子も LP28 株の摂食により, その発現が抑えられたことがわかった. ちなみに, CD36 antigen は肝への脂肪酸の取り込みに, SCD 1 は脂肪酸の合成に, PPARγ はトリグリセリドの取り込みに, それぞれ関与している. 端的にいえば, LP28 株を摂食することにより, 脂肪酸の合成や細胞への取り込みが抑えられた結果, 脂肪肝が改善されたものと推察できる. さらに驚くことに, LP28 株の摂食群は, 非摂食群と比べ, 明らかに脂肪肝中に認められる脂肪滴が消失していることも観察された (図 7-5). これらの研究成果は, 2012 年 2 月 17 日, 米国の科学雑誌「PLoS ONE」に掲載されるとともに [7-2], LP28 の肥満抑制効果が新聞報道された. ちなみに, LP28 株を活用したヨーグルトが, 論文発表前の 2011 年に広島県三次市の乳業会社から発売されている.

7.7 感染症に有効な薬をつくる植物乳酸菌

細菌によって産生され, かつ, 同種あるいは類縁種に対して抗菌活作用を発揮するタンパク質もしくはポリペプチドのことをバクテリオシンと呼んでいる. 1925 年にアンドレ・グラチア (André Gratia: 1893-1950) によって発見された. 一般的には, 個々のバクテリオシンの抗菌スペクトルは狭く, かつ, 同じ属か同じ門に属す

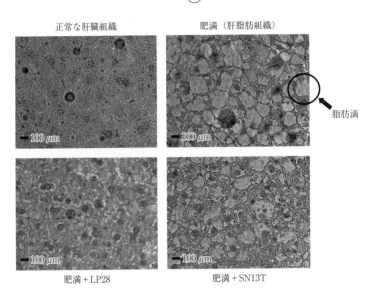

図 7-5　*P. pentosaceus* LP28 による脂肪肝の改善

る細菌にのみ有効であることが多い．したがって，それより広い抗菌スペクトルをもつ抗生物質とは区別されている．ただし，抗生物質と同様，バクテリオシンの作用機構はさまざまであり，*Lactococcus lactis* の産生するナイシン A は，感受性菌の細胞膜に穴を開けて死滅させるが，大腸菌により産生されるコリシン（colicin）は細菌のタンパク質合成系を阻害して死滅させる．バクテリオシンは，通常のタンパク質と同様，リボソーム上で合成される．近年，乳酸菌のつくるバクテリオシンが注目されている．というのは，乳酸菌の産生するバクテリオシンは，その産生菌と近縁の乳酸菌に対して抗菌作用を示すが，病原細菌に強い抗菌活性を示すバクテリオシンも発見されているからである．

　バクテリオシンは，そのアミノ酸配列，分子量，抗菌スペクトル

表7-2 バクテリオシンの分類

クラス (サブクラス)	特徴	例
Class I	異常アミノ酸を含む低分子ペプチド (約5 kDa以下) で, ランチビオティクスと総称される	ナイシンA ラクティシン481
Class II	異常アミノ酸を含まない低分子ペプチド (約10 kDa以下)	
(IIa)	高い抗リステリア活性を示す	ペディオシンPA1 ロイコシンA
(IIb)	2種の相補ペプチドの存在で抗菌活性を発現する	ラクタシンF ラクトコクシンG
(IIc)	N-末端とC-末端との結合により生じた環状ペプチド	エンテロシンAS48 ロイテリン6
(IId)	IIa〜IIc以外の直鎖状ペプチド	ラクトコクシンA プランタリシンA

に基づき, いくつかのグループに分類されている (表7-2). 現在, 乳酸菌研究者の多くに受け入れられている分類基準は, Cotterらにより提案されたものである [7-3]. 彼らの分類基準では, バクテリオシンはClass IとClass IIとに大別され, 前者には, 異常アミノ酸を含むバクテリオシンが属している. その代表はナイシンAで, 現在, 食品用保存剤として50カ国以上で使用されている. 最近になって, ようやく日本でもナイシンAの使用が認可された. 一方, Class IIは異常アミノ酸を含まないバクテリオシンのグループである. なお, Class IIはさらに4種類のサブクラスに分かれている. どのサブクラスに属するかは, バクテリオシンのアミノ酸配列が直鎖状か環状か, リステリア菌に抗菌性を示すか否か, その乳酸菌の産生する2つの異なる抗菌ポリペプチド同士が作用して相乗的抗菌活性効果を示すかどうか, などの基準で分けている.

著者らのグループが分離した植物乳酸菌のなかにも, バクテリオ

シン生産株がいくつか見つかっている.たとえば,キムチより分離された Lb. brevis 925A が産生するブレビシン 925A は,Class II タイプに分類される「2 つの抗菌ポリペプチド」から構成されるバクテリオシンである.このバクテリオシン生合成遺伝子群は,925A 株の保有する 64 kb のプラスミド上にあることが明らかになっている.興味深いことに,この生合成遺伝子群は,伊予柑から分離した Lb. brevis 174A が保有するプラスミド上に存在するものと塩基配列が 100% 一致する.このように,自然界ではプラスミドを介してバクテリオシン生合成遺伝子が伝播される可能性があるといえる.

ブレビシン 174A を構成する 2 種類の抗菌ポリペプチドは,それぞれ単独でも抗菌活性を示すが,両者を混合すると,その抗菌活性は数十〜数百倍まで増強される.さらに,いくつかの乳酸菌株に対する抗菌力に加え,腐敗細菌である Bacillus coagulans,リステリア感染症や食中毒の原因菌として知られる Listeria (L.) monocytogenes,黄色ブドウ球菌,虫歯の原因菌 Streptococcus (S.) mutans などに対して抗菌性を示す.

さらに,ケイトウから分離された E. mundtii SE17-1 と,籾殻から分離された E. mundtii MG3 の産生するバクテリオシンが,L. monocytogenes や虫歯の原因菌の 1 つである S. sobrinus に対して抗菌活性を示すことが見いだされた(論文準備中).さらに,著者らは,壬生菜からバクテリオシンを産生する乳酸菌 15-1A 株を分離し,E. mundtii と同定した.このバクテリオシンを mundticin 15-1A と命名し,その生合成遺伝子クラスター(関連遺伝子集合体)の取得にも成功した.このことについては,第 4 章で遺伝子レベルで述べている.

バクテリオシンをつくる乳酸菌は,自らつくるその抗菌物質に対する生体防御の機構を備えており,その機構を自己耐性と呼んでい

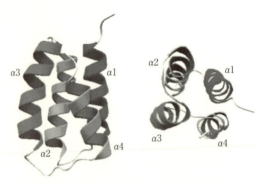

図 7-6　免疫タンパク質 Mun-im の立体構造 [7-4]

る．mundticin 15-1A の生合成遺伝子クラスターの近くには自己耐性遺伝子が存在していた．その自己遺伝子がコードするタンパク質を Mun-im と命名し，その立体構造も明らかにした（図 7-6）．ちなみに，自己耐性因子はバクテリオシンの抗菌力を消失させる機能をもっていることから，免疫タンパク質（immunity protein）と呼んでいる．バクテリオシン生産菌の自己耐性機構の詳細は未だ不明だが，細胞膜上に存在するマンノースホスホトランスフェラーゼがバクテリオシンの標的分子であり，免疫タンパク質がその標的分子上でバクテリオシンの致死的作用を阻止しているとの報告がある [7-5]．

著者はバクテリオシンの医療分野への活用に夢を描いている．その理由として，長期間の抗生物質汎用により，メチシリン耐性黄色ブドウ球菌やバンコマイシン耐性腸球菌などの多剤耐性細菌が出現し，今や抗生物質による感染症治療は行き詰まっているからである．ただし，安易にバクテリオシンを使用すると，これまで抗生物質が歩んできた「新抗生物質が開発されても，直ちに薬剤耐性菌が出現し，更なる新薬の開発が必要となる」といった歴史を繰り返すこと

になりかねない.医療現場でバクテリオシンが使われるようになっても,その乱用を避けることは当然ながら,抗生物質と併用することで耐性菌出現リスクを抑えることも必要になるであろう.

抗菌物質といえば,*Lb. reuteri* のつくるロイテリンが知られている.この乳酸菌は,グリセロールを基質として,3-ヒドロキシプロピオンアルデヒド (3-HPA) をつくる.3-HPA はロイテリンと総称され,グラム陽性細菌,グラム陰性細菌,酵母,糸状菌,原生動物およびウイルスに至るまでの幅広い抗菌力をもっている.その阻害機序は微生物の保有するリボヌクレオチド還元酵素の触媒作用の阻害である.ロイテリンのもつ抗菌活性は米国ノースカロライナ州立大学の研究グループによって1988年に報告された[7-6].さらに,サイレージから分離された *Lb. plantarum* MiLAB393 が植物病原菌 *Fusarium sporotrichioides* やカビの一種 *Aspergillus fumigatus* に対して抗菌力をもつ物質をつくることが見いだされている.この物質は環状ペプチドとしての L-Pro-L-Pro,環状の L-Phe-trans-4-OH-L-Pro および3-フェニル乳酸の3種類である[7-7].

7.8 乳酸菌のつくる細胞外多糖

自然治癒力を発揮させるための主役である免疫のシステムは,NK細胞のような自然免疫とT細胞やB細胞に代表される獲得免疫との連携によって成り立っている.前者はマクロファージや好中球などの貪食細胞を中心とした生体防御の機構であり,その主役を担うのが多糖体である.多糖体の例としては,細菌細胞壁を構成するペプチドグリカンやリポ多糖があり,これらによる免疫賦活作用は古くから知られていた.近年,免疫賦活作用は,自然免疫による生体防御機構によるものであることがわかってきた.

乳酸菌の中には細胞外に多糖を分泌するものがいる.これを

exo-polysaccharide (EPS) と呼び, 単糖やその誘導体から構成される繰り返し構造, もしくは分岐鎖構造をもつ高分子である. この多糖は中性多糖のほか, リン酸基, カルボキシル基, ピルビル基が付加された酸性多糖も見いだされている. EPS には自己細胞を乾燥から守るためや免疫担当細胞による貪食作用から自己を守るためにつくっていることが考えられる. EPS を産生する乳酸菌として有名なものは, チーズづくりの種菌として利用される, *Lactococcus lactis* subsp. *cremoris* であろう. EPS は, 乳中のタンパク質と相互作用して, 発酵乳の粘性や風味を向上させるのに加え, まろやかな舌触りにも関与する. また, EPS は乳酸菌の腸管への付着にも関与している. その他, 下記に示すように, EPS の保健機能性として, 免疫賦活作用やウイルス感染防御作用を中心に研究されている.

ある国内製薬会社は, 石川県立大学の山本憲二教授との共同研究で, 乳酸菌 *Leuconostoc mesenteroides* subsp. *mesenteroides* NTM048 の菌体外多糖 (EPS) に免疫力を高める効果があることを見いだした [7-8]. この乳酸菌はエンドウマメから分離した株であった. さらに, NTM048 株が産生する多糖は免疫機能の異常によって起きる疾患に有効であることが推測された. たとえば, この多糖は腸管粘膜における IgA の分泌量を増加させた. さらに, 広島大学の田辺創一教授との共同研究により, NTM048 株のつくる多糖には, 免疫機能の異常によって引き起こされる皮膚疾患「乾癬」の症状を和らげる作用と IL-17 の産生を抑制する作用のあることを観察している [2014 年 12 月の第 12 回日本機能性食品医用学会にて発表]. ちなみに, IgA は侵入してきた抗原に応答して腸管上皮細胞から多量に分泌され, 腸管粘膜を保護し, 抗原の腸管への侵入を防御する役目をもつ. また, IL-17 などの炎症性サイトカインは, 血管内皮

細胞やマクロファージなどの細胞に作用して，さまざまな炎症性メディエーターの発現を誘導する分子である．ここで，IL-17 について少し説明してみたい．

従来，CD4 陽性 T 細胞には，細胞性免疫に関与する I 型ヘルパー T (Th1) 細胞と，液性免疫に関与する Th2 細胞があることが知られている．Th1 および Th2 細胞では，それぞれに特徴的な転写因子を発現し，IFN-γ や IL-4 を産生する．ところが，近年，Th17 細胞と呼ばれる新たな T 細胞が IL-17 を産生し，それがアレルギー応答や自己免疫，細菌感染防御に大きな役割を果たしていることが明らかにされた．

他方，大手乳業企業も乳酸菌のつくる細胞外多糖に保健機能性を見いだしている．ヨーグルトに使用されている多糖生産性の乳酸菌は OLL1073R-1 株であり，*Lactobacillus bulgaricus* と同定されている．OLL1073R-1 株を用いたヨーグルトを摂取すると，牛乳を摂取した場合と同様に免疫機能が増進するばかりでなく，牛乳を摂取した場合よりも有意に風邪症状の罹患リスクが低下することを臨床試験で実証した．具体的には，牛乳（100 mL/日）を連日摂取した場合の風邪症候群の罹患リスクを 1 とすると，毎日，多糖産生ブルガリア菌ヨーグルト（90 g/日）を摂取した場合，0.44 から 0.29 までリスクが低下した．牛乳摂取群およびヨーグルト摂取群とも，摂取前後のアンケートによれば，QOL の設問で改善が認められた．特に，摂取期間終了時の，目，鼻，喉に関する QOL は，牛乳摂取群に比べて，ヨーグルト摂取群のほうが有意に高かった．また，ヒト試験を通じて，この乳酸菌を使ったヨーグルトが免疫機能の重要な部分を担う NK 細胞を活性化することが実証された．さらに，インフルエンザウイルスの抑制にも有効であることがマウスを使用した動物実験で検証された．ちなみに，NK 細胞はリンパ球に含まれ

る免疫細胞であり,ウイルスに感染した細胞や癌細胞を見つけ攻撃して破壊する働きをもっている.このNK細胞の活性が低下すると感染症にかかりやすくなる.

7.9 保健機能食品制度と乳酸菌

欧米型の食生活を送るようになって以来,肥満の人たちが増加し続けている.その結果,生活習慣病を患う人やその予備軍の人たちが増えている.生活習慣病を克服しない限り,医療費は増加し続け,生活の質(QOL)は向上しない.近年,わが国では人々の健康意識の高まりとともに,機能性食品に対する理解もかなり得られるようになった.それに関連して,1991年に「保健機能食品制度」が策定され,国が定めた規格や基準を満たす食品については,その製品に保健機能を表示できるようになった.

保健機能食品は,科学的エビデンスを提出して表示許可を得る「特定保健用食品(通称トクホ)」と,特定の栄養素を含み,一定基準を満たしていれば表示できる「栄養機能食品」に大別される.前者は食品のもつ「特定の保健の用途」を表示して販売される食品で,「トクホ」として販売するためには,製品ごとに食品の有効性や安全性の審査を受け,表示について国の許可を得ることが必要である.ちなみに,特定保健用食品や条件付き特定保健用食品には特定の許可マークが決められている.特定保健用食品には,関与成分の疾病リスク低減効果が医学的・栄養学的に確立されている場合には疾病リスク低減表示が認められている.

そのほか,「規格基準型の特定保健用食品」もある.この基準型トクホは,特定保健用食品としての許可実績が十分であるなど,科学的根拠が蓄積されている成分については規格基準があるため,審議会による個別の審査はなく,事務局において規格基準に適合する

か否かの審査に合格すれば許可される．他方，「条件付き特定保健用食品」は，特定保健用食品の審査で要求している有効性の科学的根拠のレベルには届かないものの，一定の有効性が確認される食品を，限定的な科学的根拠である旨の表示をすることを条件として，許可対象となる．たとえば，「○○を含んでおり，必ずしも根拠は確立されていませんが，△△に適している可能性がある食品です」と表示できる．

テレビや新聞のコマーシャルで「健康食品」という言葉もよく耳にする．わが国の法律には「薬事法」と「食品衛生法」があり，口に入るものは「食品」または「薬」のいずれかに該当する．健康食品は，法律的には「食品」として扱われる．ビタミンなどの栄養素や動植物の抽出物を補給するものは「サプリメント」と呼ばれ，以前は，その形状が錠剤やカプセルなど，医薬品と似たものは禁止されていた．2001年，「医薬品の範囲に関する基準の改正について（医薬発第243号平成13年3月27日）」の発布により基準が緩和され，食品であることを明記すれば医薬品の形状と似ていても販売が認められるようになった．

7.10 乳酸菌サプリメント

暴飲暴食や喫煙，過剰なストレスにより肝機能異常と診断される人は，日本の成人の3割にものぼる．そのような人は，γ-GTP，ALT，ASTなどの肝機能マーカーが正常値よりも明らかに高くなる．肝機能が異常となっても，自覚症状がないまま重篤な状態に陥ることが危惧される．肝臓は人体における代謝の中心臓器であり，肝機能の状態，特に脂肪肝の程度がメタボリックシンドロームや生活習慣病を左右するといっても過言ではない．著者らの研究グループでは，γ-GTPの低減化に有効な植物乳酸菌 *Lb. plantarum*

SN13Tを見いだした.今後,その乳酸菌を活用したサプリメントを創出し,患者さんを対象とした治験を実施したいと考えている.

市販の乳酸菌製剤サプリメントは錠剤やカプセルの形状をしていて,見た目は「薬剤」である.乳酸菌を製剤にする理由としては,乳酸菌には優れた保健機能性があるものの,乳酸菌はなかなか腸まで届き難く,例え,腸に到達しても腸管内に定着し難い場合が多いからである.腸への届きやすさや定着しやすさなど,乳酸菌食品としてのクオリティを兼ね備えた製品はきわめて少ない.そこで,乳酸菌を製剤化することによって,乳酸菌を確実に生きたまま腸まで届けようとの試みがなされている.たとえば,耐酸性カプセルに乳酸菌を入れて保護すれば,胃酸や胆汁酸に曝されても,生きて腸まで届けることができる.また,乳酸菌製剤は,複数の乳酸菌が配合されていたり,ビタミンを添加したりするなど,栄養サプリメントとして市販されている.携帯できることも乳酸菌製剤の便利さといえるかもしれない.わが国の製薬会社の1つが製造している乳酸菌製剤は医薬部外品として販売されている.その製品は,*Bifidobacterium*, *Enterococcus faecalis*, *Lactobacillus acidophilus* の3種の乳酸菌を配合した錠剤で,「腸内の乳酸菌を増やして腸内環境を健康にする」とのキャッチフレーズで販売され,整腸と便秘改善を目的としている.乳酸菌製剤は,例えサプリメントであっても,医薬品のように用法と容量を守ることにより,十分な効果を発揮できる可能性が大いにある.

7.11 機能性表示食品制度

わが国では,曖昧な表現の健康食品が多い.それはこれまでの規制の枠組みと関係している.食品は医薬品とは違って,原則的には健康効果や効能は表示できない.消費者庁は有識者検討会を設置し,

食品の表示の仕方について規制を緩和するための議論を進めてきた．そして，2015年4月1日から新制度としての食品表示法が施行されることとなった．この新しい法律は，これまでのJAS法，食品衛生法，健康増進法における義務表示を1つにしたもので，消費者に対し，これまでより安全でわかりやすい表示を目指している．今回の新制度の施行により，「トクホ」および「栄養機能食品」に続く，第三の機能性表示食品が登場したことになる．

機能性表示食品制度は，国の審査なしに，「効く身体の部位」や「機能性」を商品に記載できるため，消費者からすれば利用目的に合わせた商品が選択できる．新法の重要ポイントは，加工食品の栄養表示も義務化されたことである．この食品表示は，製造販売業者と消費者とをつなぐ重要な情報伝達方法の1つととらえることができる．消費者の多くは表示内容から商品の訴求情報を理解し，安全かつ適切に活用できることを望んでいる．事実，サプリメントや健康食品を購入する際，「何に効くのか明記されていない」とか，「あいまいな表現でわかりにくい」とのクレームがある．そこで，消費者庁は，2015年4月から食品の新たな機能性表示制度をスタートさせ，その製品の科学的根拠を基に，食品の容器に機能性成分の「健康機能」を記載できるようにしたのである．

これまでにも，食品の機能性表示が認められていたことは先に述べた．それは「特定保健用食品（トクホ）」と「栄養機能食品」のみであり，それ以外の食品では機能性を表示することは許可されていなかった．新機能性表示制度では，安全性や機能性について一定条件を満たせば，企業や生産者の責任で「身体のどこにいいのか」や，「この食品がどう機能するのか」を表示できるようになった．トクホ表示の取得には製品のヒト臨床試験が必要なため，費用や時間の面で中小企業にとっては負担が大きく，費用が1億円を超える

ケースも珍しくない。ところが、新制度では、原則的には食品や機能性関与成分の研究論文の分析結果があればいいので、企業の負担は少なくなると推測できる。その新たな機能性表示制度を用いれば、「身体のどこの部位に作用するか」が記載できる。現在、特定保健用食品（トクホ）で表示されている部位は、歯、骨、お腹だけだが、新しく登場する機能性表示食品では、さまざまな部位や機能性が表示される可能性がある。機能性に関与する成分が特定でき、効果的な量を食べることができれば、生鮮食品でも機能性が表示できるようになった。たとえば、リコピンの含有量を高めたトマトや、β-グルカンを高含有する大麦などの食品開発が進んでいる。ただし、消費者庁の新制度は、企業にメリットばかりとは限らない。企業が自らの責任で健康食品の効果を表示するので、副作用などが発覚した際の経営リスクはきわめて大きいのも事実である。

7.12　高活性化 NK 細胞免疫療法

近年、乳酸菌の産生する酸性多糖が NK 細胞を活性化するとの例が示された。ちなみに、NK 細胞はリンパ球の一種で、自然免疫の中心的役割を果たし、ウイルス感染細胞や癌細胞に結合して死滅させる役割を担っている。癌細胞は健常人でも日々 3,000〜6,000 個は体内で発生していると推定され、NK 細胞は癌細胞をいち早く察知して攻撃する。ちなみに、癌患者の NK 活性は健常人と比べ低下している。そこで、NK 細胞を高活性化培養し、点滴で体内に戻すという治療が行われている。その後、2 週間ほどかけて、NK 細胞を数百から数千倍に増やす操作を行う。健康な人がもっている NK 細胞の数は約 1 億個なので、4 億〜5 億になれば効果は期待できる。実際には、20 mL を採血し免疫細胞を増殖させて活性化する。20 mL の血液からは NK 細胞を増やすのが難しいため、T 細胞も

一緒に増やすことでNK細胞を含む免疫細胞の総数を最大限確保するとしている．活性化して抗癌効果を高めた，「T細胞，B細胞，NK細胞」などのリンパ球をできるだけ大量に増殖培養し，生理食塩水とともに患者の体内に点滴で戻すようにする．乳酸菌の産生する酸性多糖がNK細胞の活性化に寄与することから，今後，それを癌治療に応用できればすばらしいことである．

終　章

　感染症治療に有効な薬といえば，抗生物質である．それを産生する放線菌を扱ってすでに40年を超えた．具体的には，「抗生物質が放線菌の細胞内でどのようにつくられるのか」，「病原菌にとって"毒物"である抗生物質を産生する放線菌が，自らつくる"毒物"から如何に生体防御しているのか」といった疑問を解決するための研究を進めてきた．放線菌は，抗生物質やそのリード化合物（化学合成される抗生物質の基となる化合物）の7割以上をつくることから，薬学分野では重要な微生物として認識されている．この微生物は，形態的には"カビ"に似ているが，細胞壁成分やリボソームなどのオルガネラ（器官）がバクテリア型であることから，分類学的には明らかに細菌の仲間である．ときどき放線菌を放射菌という人がいるが，放線菌を扱う研究者としては「まことに遺憾！」といわざるをえない．

　2015年10月5日の夕方，TV報道で吉報が流れた．北里大学特別栄誉教授の大村智先生がノーベル医学・生理学賞受賞者に決定したのだ．そのニュースに驚いたが，とても嬉しかった．というのも，著者も大村先生と同じ学会に属し，抗生物質を生産する「放線菌」を研究対象としてきたからである．大村先生は，1979年，土壌から分離した放線菌が「寄生虫の駆除にきわめて有効な抗生物質」をつくることを発見した．その後，米国大手製薬会社との共同研究により，その抗生物質の化学構造の一部を変えた「イベルメクチン」を開発した．この抗生物質は，蚊やブヨなどが媒介する「オンコセ

ルカ症」や「リンパ性フィラリア症」などの寄生虫感染症に有効な薬剤である．大学と企業との産学連携が，土壌微生物のつくる物質が医薬品として世の中に登場させる道を拓いたのだ．ちなみに，オンコセルカ症は，患うと最悪の場合には失明する，熱帯地域に多い感染症である．記者会見席での「微生物の力を借りているだけ」との大村先生の発言や，「科学者は人のために仕事をしなければならない」との強い意志に謙虚さと同時に情熱を感じるとともに，大学の基礎研究を実用化につなげることの大切さを改めて感じた．

さて，著者の研究対象として，放線菌以外の微生物が加わるチャンスは 2003 年に訪れた．以来，麹菌と乳酸菌，特に後者では，自然界からの果物，野菜，穀物，薬用植物，花などの植物表面に生息する乳酸菌を研究材料としている．その第一の理由は，放線菌だけを扱っても，もはや多額の外部資金を獲得できないと感じたからである．放線菌の基礎研究のみで大型予算獲得を期待できないのは致し方ないが，たとえ新奇の抗生物質を発見しても，臨床現場で汎用されるようになると，その薬に耐性を示す病原菌が必ず出現してしまう．そうなると，製薬企業は新奇抗生物質を数百億円かけて市場に登場させても，それまでの努力はすべて水の泡になってしまう．

麹菌や乳酸菌を具体的に扱うことになった背景には，広島県が提案した「広島バイオクラスター構想」が文部科学省の公募した知的クラスター創成事業に採択されたことである．その研究プロジェクトの 1 つとして，2003 年に杉山プロジェクトが発足した．

国際平和都市「広島」は，「酒処ひろしま」でもあり，全国的にも屈指の醸造会社が多い．当時，広島県廿日市市の醸造会社の役員から，日本酒の製造工程で副産物として生ずる「酒粕」の新規な保健機能性を調べてほしいとの依頼を受けた．その研究成果として，メラニン色素に対する新規阻害剤を酒粕中に見いだしたこと，それ

はトリアシルグリセロールの一種「リノレイン」であること，さらに，酒粕にはアトピー性皮膚炎に対する改善効果があることを見いだした．その研究成果を広島県主催の「機能性食品開発研究会」の席で講演した．そのあとの懇親会の席で，地元広島の乳業会社の研究員から，「私たち企業にできることはないでしょうか」と問われた．とっさに，「酒粕は保健機能性に優れているので，それを添加したヨーグルトの開発はいかがでしょうか」と返事した．図らずも，週明けに，その研究員が「酒粕を分与していただけないか」と著者の研究室を訪れた．持ち帰って1週間後，「酒粕入りヨーグルト」を持参してこられた．

「ヨーグルト製造にあたって何か変わったことはないですか」と尋ねたところ，発酵時間がかなり短縮されたとのことだった．そこで，著者は「酒粕には乳酸菌の増殖促進作用がある」との仮説を立て，今度は「植物乳酸菌でヨーグルトをつくってみませんか」と再提案した．その際，研究員は怪訝な顔をしながら，「植物由来の乳酸菌は乳中では増殖できません」といった．「だまされたと思って，酒粕を添加したうえで植物乳酸菌を用いてヨーグルトづくりを試して下さい」とお願いしたところ，1週間後，「植物乳酸菌でヨーグルトができました」と笑顔で訪ねてきてくれた．そのようなことから，動物乳酸菌と植物乳酸菌とでは，栄養素を代謝するシステムに違いがあるとの感触を得た．以後，広島地域の醸造会社と乳業企業の協力を得ながら，植物乳酸菌の基盤研究と，植物乳酸菌を実用化するための技術開発に邁進している．

今や，食に対する健康志向の人々が確実に増えており，乳酸菌に関する知識もかなりハイレベルである．乳酸菌と聞けば，「からだに良い，安全だ，健康的」などと，爽やかでクリーンなイメージがあると感じている人が多い．乳酸菌の基礎および実用化研究は，こ

れまで，欧州や国内大手乳業企業が中心となって行われてきた．その研究材料として「ヒトにはヒトの乳酸菌」，いわゆる腸管や乳に生育する「動物由来の乳酸菌」が使われてきた．著者は，動物乳酸菌を扱う限り，すでに大きく出遅れており，もはや世界の研究者とは互角に戦えないと感じた．そこで，乳酸菌の探索分離を自然界の植物に特化し，得られた植物乳酸菌の底力を実証することにした．これまでに集め，そして同定した植物乳酸菌はすでに600株以上にのぼるが，現在でもその探索分離は継続し，それを「植物乳酸菌ライブラリー」として保存している．そのライブラリーをスクリーニングした結果，バクテリオシンと呼ばれる抗菌性ポリペプチドを産生する乳酸菌が多数見つかった．著者の研究を通じ，乳酸菌の産生するバクテリオシンを医薬品や食品保存料として実用化したいと考えている．さらにいえば，植物乳酸菌による未病改善効果を通じて，単にヒトの寿命を延ばすのではなく，健康寿命をできる限り延ばすことをめざしている．

　本書の「まえがき」に記したように，わが国はストレスや不安の多い社会構造になっており，現代を生きる人々にとって，ますますつらい環境へとシフトしている．そのような時代，ストレスが腸内細菌叢に悪影響を与え，腸内環境の良し悪しが精神や身体に強く影響を与えていることがわかってきた．今やストレスによる未病状態から脱するために，さらには腸内細菌叢をより良い状態に変化させるために，乳酸菌の摂取が期待されている．本書の出版を通じて，乳酸菌が生活習慣病や未病改善ならびに予防医学に役立つことを示すことで，乳酸菌の底知れぬ力を読者の皆さんに知っていただけたら，執筆した甲斐があったといえる．

　最後に，出版の機会を与えて下さった，共立出版㈱の横田穂波氏に心より感謝申し上げるとともに，平成27年5月8日，満90歳で

生涯を閉じた父にこれまでの感謝を込めて本書を捧げたい．父は短歌や俳句・川柳を昔から好んで詠んでいた．故郷になかなか帰って来ない息子に向かって詠んだと思われる，「年経れば　巣立ちし子らの帰り来ず　月の小窓に妻と語らふ」を紹介し，筆を置く．

参考図書・文献

●参考図書
貝原益軒著,石川謙校訂,養生訓・和俗童子訓,岩波文庫(2015)
小泉武夫,発酵食品礼讃,文藝春秋(2003)
小崎道雄・佐藤英一編著,乳酸発酵の新しい系譜,中央法規(2004)
清水俊雄,特定保健用食品の開発戦略(追補版),日経BP社(2004)
坂口謹一郎,日本の酒,岩波文庫(2010)
杉山政則,基礎と応用 現代微生物学,共立出版(2010)
杉山政則,植物乳酸菌の挑戦,広島大学出版会(2012)
立川昭二,すらすら読める養生訓,講談社(2005)
日本生物工学会編,未来をつくるバイオ,学進出版(2008)
日本乳酸菌学会編,乳酸菌とビフィズス菌のサイエンス,京都大学出版会(2010)
ポール・ド・クライフ著,秋元寿恵夫訳,微生物の狩人(上),(下),岩波文庫(1990)
細野明義,乳酸菌とヨーグルトの保健効果,辛書房(2003)
光岡知足,健康長寿のための食生活,腸内細菌と機能性食品,岩波アクティブ新書(2002)
メチニコフ著,宮村定男訳,近代医学の建設者,岩波文庫(1997)
ルネ・デュポス著,長木・田口・岸田訳,パストゥール,学会出版センター(1996)

● 文献

[1-1] Yoshimura, A. *et al.*, *Immunity*, 43, 65-79 (2015)

[2-1] Coleman,D. L. *et al.*, *J. Physiol.*, 217, 1298-1304 (1969)

[2-2] Zhang, Y. *et al.*, *Nature*, 372, 425-432 (1994)

[2-3] Ozcan, U. *et al.*, *Science*, 306, 457-461 (2004)

[2-4] Hosoi, T. *et al.*, *EMBO Mol. Med.*, 6, 335-346 (2014)

[2-5] Bajzer,M. *et al.*, *Nature*, 444, 1009-1010 (2006)

[2-6] Ley, R. E. *et al.*, *Nature*, 444, 1022-1023 (2006)

[2-7] Tamada, K. *et al.*, *PLoS ONE*, 15, e15126 (2010)

[2-8] Schmidt, C., *Nature*, 26, 518, S12-5 (2015)

[3-1] 堀内啓史, 日本乳酸菌学会誌, 23, 143-150 (2012)

[4-1] Bolotin, A. *et al.*, *Genome Res.*, 11, 731-753 (2001)

[4-2] Schell, M. A. *et al.*, *Proc. Natl. Acad. Sci. USA*, 99, 14422-14427 (2002)

[4-3] Kleerebezem, M. *et al.*, *Proc. Natl. Acad. Sci. USA*, 100, 1990-1995 (2003)

[4-4] Wegmann, U. *et al.*, *J. Bacteriol.*, 185, 3256-3270 (2007)

[4-5] Chaillou, S. *et al.*, *Nature Biotechnology*, 23, 1527-1533 (2005)

[4-6] Gobbetti, M. *et al.*, *Int. J. Food microbiol.*, 120, 34-45 (2007)

[4-7] Dufour, A. *et al.*, *FEMS Microbiol. Rev.*, 31, 134-167 (2007)

[4-8] Drider, D. *et al.*, *Microbiol. Mol. Biol. Rev.*, 7, 564-582 (2006)

[4-9] Perez, R. H. *et al.*, *Microbial Cell Factories*, 13 (Suppl 1), S3 (2014)

[4-10] Lubeiski, J. *et al.*, *Cell. Mol. Life. Sci.*, 65, 455-476 (2008)

[4-11] Flynn, S. *et al.*, *Microbiology*, 148, 973-984 (2002)

[4-12] Diep, D. B. *et al.*, *Mol Microbiol.*, 18, 631-639 (1995)

[4-13] Diep, D. B. *et al.*, *J. Bacteriol.*, 178, 4472-4483 (1996)

[4-14] Diep, D. B. *et al.*, *Mol. Microbiol.*, 47, 483-494 (2003)

[4-15] Maldonado, A. *et al.*, *J. Bacteriol.*, 186, 1556-1564 (2004)

[4-16] McAuliffe, O. *et al.*, *Mol. Microbiol.*, 39, 982-993 (2001)

[4-17] Peschel, A. *et al.*, *Mol. Gen. Genet.*, 254, 312-318 (1997)

[4-18] Peschel, A. *et al.*, *Mol. Microbiol.*, 9, 31-39 (1993)

[4-19] Kies, S. *et al.*, *Peptides*, 24, 329-338 (2003)

[4-20] Shankara, N. *et al.*, *Int. J. Med. Microbiol.*, 293, 609-618 (2004)

[4-21] Haas, W. *et al.*, *Nature*, 415, 84-87 (2002)

[4-22] Wada, T. *et al.*, *Microbiology*, 155, 1726-1737 (2009)

[5-1] Jin, H. *et al.*, *Bio. Pharm. Bul.*, 33, 289-293 (2010)

[5-2] Harima-Mizusawa, N. *et al.*, *Bioscience of Microbiota, Food and Health*, 33, 147-155 (2014)

[7-1] Higashikawa, F. *et al.*, *Nutrition*, 26, 367-374 (2010)

[7-1] Zhao, X. *et al.*, *PLoS ONE*, 7, e30696 (2012)

[7-3] Cotter, P. D. *et al.*, *Nat. Rev. Microbiol.*, 3, 777-788 (2005)

[7-4] Jeon, H. *et al.*, *Biochim. Biophys. Res. Commu.*, 378, 574-578 (2008)

[7-5] Diep, D. B. *et al.*, *Proc. Natl. Acad. Sci. USA*, 104, 2384-2389 (2007)

[7-6] Talarico, T. L. *et al.*, *Antimicrob. Agents Chemother.*, 32, 1854-1858 (1988)

[7-7] Strom, K. *et al.*, *Appl. Enviro. Bicrobiol.*, 68, 4322-4327 (2002)

[7-8] Matsuzaki, C. *et al.*, *J. Appl. Microbiol.*, 116, 980-989 (2013)

乳酸菌―この魅惑的隣人の謎を解き明かす

コーディネーター　矢嶋　信浩

　本書は，大学生，大学院生などを対象に，これから乳酸菌などの研究にたずさわろうとする人たちの手引書，さらに専門外の方には知的好奇心を満足させることができるように編纂された．また，これから大学などでバイオサイエンスをめざす高校生にとっては，未知の世界へ誘う入門書ともなる．

　乳酸菌の健康機能に関する最新情報，ならびに歴史や研究に対する考え方を披露することで，発酵食品の製造に用いられている乳酸菌やプロバイオティクス乳酸菌，腸内に生息する乳酸菌などの魅力を紹介し，この研究分野を若い研究者へ引き継ごうとする教育者の狙いを読み取ることができる．

　平易に編纂され，予想外の事実を列記することで，読者の目をくぎ付けにする啓蒙的要素に溢れている．

　本書の著者，杉山政則教授は乳酸菌の研究を始める前は，放線菌が生産する抗生物質（antibiotics）研究を精力的になされていた．抗生物質は，2015年のノーベル医学・生理学賞を受賞した大村智・北里大特別栄誉教授のオンコセルカ症を防ぐイベルメクチンのように病原性の微生物を退治するために人類があみだした最強の薬剤群である．抗菌薬としてのみならず，アドレアマイシンやマイトマイシンCなどのように抗腫瘍薬としても用いられ，その使用範囲はヒトから動物の治療薬まで幅広い．

　21世紀を迎えた頃，杉山さんは抗生物質と対局をなすプロバイ

オティクスの研究を始めた．巧妙な研究戦略に基づき，プロバイオティクスの代表格である乳酸菌へ研究対象の転換を企てた．すなわち，乳や肉などに由来する乳酸菌に関する西欧世界の研究を横目で睨みながら，日本やアジアの食品文化を念頭に，植物を棲家とする乳酸菌を研究対象に選んだ．しかし，自らの研究領域のホームグランドともいうべき健康科学研究は堅持し，大いなる発展をなしえた．しかも本書で紹介されているような健康と深いかかわりがある多くの乳酸菌を分離し，乳製品のみならず日本酒や漬物にまでそれらを応用した．このように健康貢献という実学領域での実績を確実に広げている．実験室の世界から飛び出し，産業界をも自らの研究室にしてしまった感がある．

　発酵食品の担い手としての乳酸菌は，有史以前より私たちの腸内で共生関係を維持し，近年，生命科学の発展により私たちの"いのち"に深く関係していることが明らかになってきた．昨今の乳酸菌に対する強い関心は，パストゥールやメチニコフの先駆的研究以来のことではないかと思われる．2013年，プロバイオティクスの適正な用語使いについて，国際プロバイオティクスおよびプレバイオティクス学会より改善提案がなされた．実験結果に基づく菌株特異的な健康クレームの重要性を認めながら，安全性や有効性を示す適正なエビデンスがあれば，菌種レベル（species-level）やヒトの身体や発酵食品由来の微生物集合体でもプロバイオティクスととらえることを許容している．WHO/FAOによる定義やガイドラインから十数年経過し，この間に進展した科学技術の進歩によって基礎や臨床の研究者，規制当局，産業界そして消費者にとって，その意味や価値を見直す，いわば，プロバイオティクス概念におけるパラダイムシフトの時を迎えている．このような時に，本書が編纂される意義は大きい．

第1章ならびに第2章で述べられているように腸内細菌叢について分子生物学的なメスが入り，乳酸菌，腸内細菌の世界は新たに華やかな知の幕開けを迎えている．国際的に有名で権威ある科学雑誌「Nature」のホームページには「(ヒト)細菌叢(microbiota)とは，ヒトの腸管や口腔，皮膚，膣に生息する細菌，古細菌，真核生物，ウイルスを包括した微生物集団の総称．"microbiota"のゲノムや遺伝子の集合体は"microbiome"と呼ぶ．」と記述がある．環境中の微生物叢からDNAを丸ごと抽出し，遺伝子プールを構成するゲノム配列を解読し，細菌叢を1つの有機体としてとらえてその構造を網羅的に明らかにする手法はメタゲノム解析(metagenomic analysis)と呼ばれている．一方，分離，培養という手法に基づき長い間使い慣れた用語にお花畑を意味する"microflora"がある．直近10年間の世界中の研究者の注目度を測るために，これら4つのキーワードについて米国国立図書館の科学論文データベースであるPubMedで発表論文数を検索すると，microfloraの数は一定であるが，他の3つは右肩上りに増加し，DNA解析による細菌叢の研究論文数の急激な増加が読みとれる．換言すると，"microflora"から"microbiota"や"microbiome"という研究手法の変化に伴って，共生する細菌叢をゲノムレベルで研究する学問領域が急激な発展をしている．それらの論文で報告されている内容をみると，ヒトをはじめとする宿主は，共生する細菌叢と融合した超生命体を形成している．極論すると，宿主は，共生する細菌叢によって健康や寿命を支配されているように見える．

　第3章では，各種の乳酸菌の特徴が述べられている．農耕民族である日本人は植物性食材を発酵させた食品を伝統的に摂取してきた．カテゴリー別にみると，酒類では日本酒，発酵酒を蒸留した焼酎，泡盛．調味料では醸造酢や味醂，醤油，味噌．日本食の代表格，納

豆．素材が多岐に渡り，全国各地に名産品として漬物などがある．これらの植物性食材を発酵させた食品を除くと現代日本の食卓も成立しないと思われるほどの豊富さである．乳酸菌と植物性食材との組合せによる食品のもつ3つの機能，すなわち，栄養機能，趣向機能，生理機能の活用はたいへん重要で，野菜を代表とする植物性食材には栄養機能に加え，旬の味覚や身体の調子を整える機能が知られている．一方，乳酸菌は最終代謝産物に乳酸を生成する微生物の総称であり，乳酸により食品を酸性に保ち，他の雑菌の生育を阻害する．このために乳酸発酵は有史以前より，食品保存に広く用いられてきた．植物性食材との組合せの中で働く菌種は，植物を意味するプランタルム菌やお酒由来のサケイ菌などがある．近年，乳酸菌利用食品の代表として乳（主に牛乳）を発酵させたヨーグルトが大手乳業メーカーより発売され，発酵食品の中でわが国においても高い地位を占めてきた．しかし，上記のような観点から植物性食材との組合せの中で，伝統的に食されてきた乳酸菌は日本人の腸との相性が良いことが予測され，ヨーグルトより遙か昔から食されている植物性発酵食品由来の乳酸菌を応用することは，新しい研究領域やビジネスチャンスを開拓するものと想像できる．

　第4章で述べられている次世代型高速DNAシークエンサーの登場によるDNA配列解析研究の隆盛は，顕微鏡を発明し，肉眼では観察することのできない微細な世界を開放したレーベンフック（1632〜1723）や彼の時代との対比で語られている．簡単に説明すると，環境中やヒトの体表および消化管内に棲息する微生物の99％は培養することが難しく，培養集落としてその存在を目で見て確認することは不可能であった．しかし，培養できない微生物も生きるための設計図であるDNAをもっており，そのDNAから戸籍に相当する属や種などを判定できるようになった．本書で解説され

ているように微生物のDNA解析やゲノム解析は急速に進み,産業用乳酸菌の多くが,そのゲノムを明らかにしつつある.ある乳酸菌株では,その乳酸菌株を用いて商品を製作していたメーカーは企業秘密として公開を敬遠してきたが,全く無縁の研究者が商品から当該菌株を吊り上げ,ゲノム解析し,著名な学術雑誌に公開した例もある.

菌株ごとにゲノム解析をされるだけではなく,前述のように細菌叢を構成する遺伝子プールのゲノム配列を解読し,細菌叢を1つの有機体としてとらえ,その構造を網羅的に明らかにするメタゲノム解析も盛んに行われている.J. C. Venterらのサルガッソー海における海洋微生物叢研究は,10億塩基にも及ぶメタゲノム解析を実施し,120万個の新規遺伝子を発見し,この研究領域の火付け役となった.J. I. Gordonらは肥満に腸内細菌叢が深くかかわっていることを腸管におけるエネルギー収支やバクテロイデスとファーミキュテスの構成比,腸内細菌叢移植の観点から証明した(本書を参照).彼らの研究が2名のデータに基づいたものであることと比較すると,黒川らの研究は,2つの家族を含む乳児から大人までさまざまな年齢,性別の13人の健常な日本人を対象とし,世界に先駆けて日本で行われた大規模な比較メタゲノム解析研究といえる.乳児における腸内細菌叢は大人よりも単純で,個人差がきわめて大きかった.一方,幼児を含む大人におけるそれはより複雑で,かつ,年齢や性別にかかわらず機能的に一様であった.腸の環境に順応するために腸管内細菌はさまざまな戦略をめぐらしており,腸は微生物間で遺伝子を交換するための場を与えていると考察した.実際に矢嶋らが行った植物性食品由来の乳酸菌(*L. brevis* KB290)のゲノム解析では,染色体上の約94%の遺伝子配列は同種で報告されているものと相同性を示したが,プラスミド上の多くの遺伝子は他

の乳酸菌種や乳酸菌以外で報告されている配列と相同性を示した．

　第5章ならびに第6章に述べられている事象と関連した植物性食品由来の乳酸菌の事例として，上記 *L. brevis* KB290 がもつ細胞膜結合型細胞外多糖で行われた研究を紹介しよう．この細胞外多糖は，グルコースと *N*-アセチルグルコサミンから構成されている．KB290 は細胞外多糖を欠如した変異体 KB392 よりも人工消化液や胆汁酸に対して強い耐性を示し，この細胞外多糖が人工消化液や胆汁酸に対する耐性を賦与している．このために生きて腸まで到達することが可能で，便秘傾向者の便通を改善して，ビフィズス菌の占有率を増加させる効果がある．また，KB290 はマウスの自然免疫能を賦活し，NK 活性を高めることができ，その原因物質もこの細胞外多糖である．このように植物性食品由来の乳酸菌がもつ機能性を裏付ける事実が他の菌株でも次々に発見され，日本の伝統的な食事がもつ意義が乳酸菌の研究を通して徐々に明らかになると思われる．

　第7章では乳酸菌サプリメントに加え，機能性表示食品制度が紹介されている．この制度の特徴は，最終製品または機能性関与成分に関する研究レビュー，すなわち，システマチック・レビュー（SR）やメタ・アナリス（MA）によってその効果を証明できれば，商品に機能性を表示してよいことである．この研究レビューとは，ある物質や特定の乳酸菌に期待する健康機能が存在するかどうかを研究内容が保証できる質の高い論文を用いて証明する手法である．実際にあるサプリメント業者は，特定のビフィズス菌株ではなく，ビフィズス菌ロンガム種による菌叢と便通改善効果を SR によって科学的根拠として示し，機能性表示を行っている．同様に海外でもプロバイオティクス研究に，SR や MA を応用した例がある．L. V. McFarland と S. Dublin は，9種のプロバイオティクスに渡る20

報の研究報告を用いた MA によって，過敏性腸症候群（IBS）の腹痛緩和にプロバイオティクスが有効であるという結論を導いた．また，M. L. Ritchie と T. N. Romanuk は，各種消化管疾患に対するプロバイオティクスの効果に関する MA を行い，回腸嚢炎，感染性の下痢，IBS, *H. pylori*, *C. difficile* による疾患，抗生物質による下痢などの治療や予防にプロバイオティクス菌種が有効であるという結論を導いた．しかし，彼らの論文には出版バイアス（効果が示された論文が雑誌に掲載され，効果を実証できなかった報告は例えそれが事実でも，雑誌に掲載されないというバイアス．既報を集めると効果があった論文が多くなりやすい）があることを否めなかった．

ヒトの遺伝子は改変できないが，ヒトの細菌叢は改変が可能である．第 2 章で記述された糞便移植の結果から健康なヒトの細菌叢は病気のヒトの薬になるとの期待感から熱い視線が注がれているが，「ゲノム情報がわかると病気が治せる」とか「ゲノム情報が健康維持の理解につながる」との考え方は短絡した発想であると警鐘を鳴らす研究者もいる．宿主と細菌叢との関係を具体的に説明するデータやエビデンスはまだ十分にはない．どんな菌種のどんな遺伝子が宿主にどんな影響を与えるのか？　どんな応答やクロストークが相互になされているのか？　を今後さらに明確にする必要がある．

未病・予防医学への挑戦のためにはどのようなヒト細菌叢の改変が理想的かと問われれば，まずは，健康的な細菌叢とはどのようなものかを明らかにし，次いで，本書の主題である乳酸菌発酵食品を用いた食事による宿主の細菌叢改変が最も理想的だと考える．

さらに乳酸菌のことを知りたい読者は，以下も参考になる．

・松生恒夫・矢嶋信浩：味噌，しょうゆ，キムチ　植物性乳酸菌で腸内改革，主婦の友新書（2012）

索 引

【欧文】

Actinobacteria 33
Aspergillus oryzae 82
Aspergillus sojae 82
Aspergillus fumigatus 105
B 細胞 105
Bacillales 33
Bacilli 33
Bacteroides 9
Bacteroides fragilis 25
Bacteroidetes 33
Bacteroidia 33
Bergey's manual of systematic bacteriology 33
Bifidobacterium 7
Bifidobacterium infantis 24
BMI 値 97
brevicin 925A 58
Carnobacteriaceae 科 34
C. butyricum 15
CD4 陽性 T 細胞 107
CD36 antigen 100
class 33
Clostridia 33
Clostridium butyricum 9
Clostridium difficile 25
Clostridium perfringens 8
cryptic 57
division 33
EMP 経路 53
Enterococcus 9
Enterococcus faecalis 34
Enterococcus mundtii 60
episome 56
Erysipelotrichia 33
Escherichia coli 9
Eubacterium 9
exo-polysaccharide 106
Firmicutes 33
Flabovacteriia 33
Fusarium sporotrichioides 105
Helicobacter pylori 28
IFN-γ 107
IgA 69
IL-4 107
immunity protein 60
Lactobacillaceae 科 34
Lactobacillales 33
Lactobacillus 9
Lactobacillus acidophilus 40
Lactobacillus brevis subsp. *coagulans* 41
Lactobacillus bulgaricus 40
Lactobacillus casei 40
Lactobacillus delbrueckii 40
Lactobacillus delbrueckii subsp. *bulgaricus* 40
Lactobacillus gaserri 34
Lactobacillus plantarum 13
Lactobacillus plantarum SN35N 35
Lactobacillus rhamnosus GG 13

Lactobacillus sakei 56
Lactococcus lactis subsp. *lactis* 55
Lb. acidophilus 54
Lb. brevis 174A 63
Lb. johnsonii 54
Lb. lactis subsp. *cremoris* 55
Lb. plantarum SN35N 53
Lb. plantarum WCFS1 52
Leuconostocaceae 科 34
Leuconostoc mesenteroides 42
Lon プロテアーゼ 14
Luis Pasteur 29
nisin A 40
NK 細胞 82, 105
ob/ob マウス 16
order 33
Pediococcus pentosaceus 41
plasmid 56
PPARγ 100
Pseudomonas aeruginosa 9
quorum sensing 61
resistance factor 56
SCD1 100
self-resistance 60
Staphylococcus aureus 9
Streptococcus mutans 55
Streptococcus zooepidemicus 28
T 細胞 105
TCA 回路 53
Tetragenococcus halophilus 37, 83
TGF-β 15
Th1 細胞 107
transposase 59
Vagococcus 37
Weissella 34, 37

【あ】

悪玉菌 9
アシドフィルス菌 40
アスペルギルス・オリゼー 82
アスペルギルス・ソーエ 82
アルコール性肝炎 3
アレルギー症状 71
胃酸 8, 68
インスリン 91
インターフェロン 82
インデューサーペプチド 61
インフルエンザ 82
ウエルシュ菌 8
栄養細胞 11
エピソーム 56
エリシペロスリックス 33
炎症性腸疾患 27
エンテロコッカス 9
黄色ブドウ球菌 9

【か】

解糖系 53
貝原益軒 74
獲得免疫 105
過敏性腸症候群 27
芽胞 11
癌 89
桿菌 7
生酛造り 72
球菌 7
クエン酸回路 52
クオラムセンシング 61
グラム陽性細菌 33
クリプティック 57
クロストリジウム・ディフィシル
25
血糖値 91
綱 33
麹菌 71
高脂血症 91

好中球　105
黄帝内経　75
酵母　71
米麹　72

【さ】

細胞性免疫　107
サイレージ　105
酒　30
酸化的リン酸化　52
自家中毒説　20
自己耐性　60
脂質異常症　91
自然免疫　105
自閉症　24
脂肪肝　7, 96
脂肪滴　100
十二指腸　10
醤油　30
植物乳酸菌　3
鍼経　75
心疾患　89, 90
酸茎漬け　41
ストレス　11
生活習慣病　96
整腸作用　7
セロトニン　22
善玉菌　9
速醸酛　72
素問　75

【た】

大腸　10
大腸菌　10
多糖　105
胆汁　68
胆汁酸　8
チーズ　30

中間菌　10
腸内細菌科細菌　14
腸内細菌叢　3
腸内フローラ　9
通性嫌気性　8
ディフィシル菌　25
糖尿病　7
動物乳酸菌　3
毒素産生性大腸菌　9
ドーパミン　22
トランスポザーゼ　59
トリカルボン酸回路　53

【な】

ナイシンA　40
ナチュラルキラー細胞　82
二成分制御系　62
乳酸桿菌　11, 34
乳酸球菌　34
乳酸菌　3
乳酸菌飲料　46
乳酸発酵　30
乳糖発酵　31
脳血管疾患　89, 90
脳卒中　90
ノルアドレナリン　22

【は】

パイエル板　69
敗血症　4
パーキンソン病　27
バクテリオシン　4
バクテロイデス　9
バクテロイデテス門　18
バゴコッカス　37
パストゥール　28, 30
発癌性物質　8
発酵　30

発酵食品　30
ヒアルロン酸　28
ヒスチジンプロテインキナーゼ　61
ビフィズス菌　6, 7
ビフィドバクテリウム　7
肥満　7
日和見感染　14
ピロリ菌　28
ファーミキュテス　33
フェーミキュテス門　18
腐敗細菌　4
プラスミド　56
ブレビシン 925A　58
プロバイオティクス　2, 43
分生子　71
糞便移植治療法　26
ペディオコッカス・ペントサセウス　41
ヘテロ型乳酸発酵　39
ヘルスケア　9
ヘルパーT細胞　107
偏性嫌気性　8
ペントースリン酸経路　54
放線菌　5
ホモ型乳酸発酵　39
ホモセリンラクトン　61

【ま】

マイクロアレイ解析法　100
マクロファージ　105
末梢リンパ球　68
味噌　30
ミュータンス菌　55
目　33
メタゲノム解析　57
メタボリックシンドローム　7, 97
メチニコフ　20
免疫　12

免疫タンパク質　60
門　33

【ゆ】

有益菌　10
有害菌　10
ユウバクテリウム　9
養生訓　74
ヨーグルト　3, 30

【ら】

酪酸菌　9
ラクトバチルス　9
ラクトバチルス・デルブリュッキィ　40
ラクトバチルス・プランタルム　13, 41
ラクトバチルス・ブレビス　41
ラクトバチルス・ラムノーサス　13
緑膿菌　9
レスポンスレギュレーター　61
レプチン　17
レプチン抵抗性　17
ロイコノストック・メゼンテロイデス　42

【わ】

ワイセラ属　34, 37
ワイン　30

memo

memo

著 者

杉山政則（すぎやま まさのり）

1976 年　広島大学大学院工学研究科修士課程（醗酵工学専攻）修了　工学博士
現　　在　広島大学大学院医歯薬保健学研究院教授，薬学部長

コーディネーター

矢嶋信浩（やじま のぶひろ）

1976 年　東北大学理学部生物学科卒業　理学博士
現　　在　東京農業大学客員教授，カゴメ株式会社イノベーション本部技術アドバイザー

共立スマートセレクション 4
Kyoritsu Smart Selection 4
現代乳酸菌科学
―未病・予防医学への挑戦
Modern Microbial Science for
Lactic Acid Bacteria

2015 年 12 月 10 日　初版 1 刷発行

検印廃止
NDC 465.8, 588.5

ISBN 978-4-320-00904-2

著　者　杉山政則　Ⓒ 2015
コーディネーター　矢嶋信浩
発行者　南條光章
発行所　共立出版株式会社
　　郵便番号　112-0006
　　東京都文京区小日向 4-6-19
　　電話　03-3947-2511（代表）
　　振替口座　00110-2-57035
　　http://www.kyoritsu-pub.co.jp/

印　刷　大日本法令印刷
製　本　加藤製本

一般社団法人
自然科学書協会
会員

Printed in Japan

JCOPY ＜出版者著作権管理機構委託出版物＞
本書の無断複製は著作権法上での例外を除き禁じられています．複製される場合は，そのつど事前に，出版者著作権管理機構（ＴＥＬ：03-3513-6969，ＦＡＸ：03-3513-6979，e-mail：info@jcopy.or.jp）の許諾を得てください．

生物学・生物科学関連書

http://www.kyoritsu-pub.co.jp/ **共立出版**

バイオインフォマティクス事典	日本バイオインフォマティクス学会編
進化学事典	日本進化学会編
生態学事典	日本生態学会編集
グリンネルの科学研究の進め方・あり方	白楽ロックビル訳
グリンネルの研究成功マニュアル	白楽ロックビル訳
ライフ・サイエンスにおける英語論文の書き方	市原エリザベス著
日本の海産プランクトン図鑑 第2版	岩国市立ミクロ生物館監修
大絶滅 ―2億5千万年前、終末寸前まで追い詰められた地球生命の物語―	大野照文監訳
遺伝子から生命をみる	関口睦夫他著
ナノバイオロジー ―生命科学とナノテクノロジー―	竹安邦男編
生物とは何か? ―ゲノムが語る生物の進化・多様性・病気―	美宅成樹著
これだけは知ってほしい生き物の科学と環境の科学	河内俊英著
NO ―宇宙から細胞まで―	吉村哲彦著
原生動物の観察と実験法	重中義信監修
生体分子分光学入門	尾崎幸洋他著
生命システムをどう理解するか	浅島 誠編集
環境生物学 ―地球の環境を守るには―	津田基之他著
生体分子化学 第2版	秋久俊博他編
実験生体分子化学	秋久俊博他編
大学生のための考えて学ぶ基礎生物学	堂本光子著
生命科学を学ぶ人のための大学基礎生物学	塩川光一郎著
生命科学の新しい潮流 理論生物学	望月敦史編
生命科学 ―生命の星と人類の将来のために―	津田基之著
生命体の科学	賀来章輔著
生物圏の科学	斎藤員郎著
生命の数理	巌佐 庸著
数理生物学入門 ―生物社会のダイナミックスを探る―	巌佐 庸著
数理生物学 ―個体群動態の数理モデリング入門―	瀬野裕美著
生物数学入門 ―差分方程式・微分方程式の基礎からのアプローチ―	竹内康博監訳
生物リズムと力学系 (シリーズ・現象を解明する数学)	郡 宏他著
一般線形モデルによる生物科学のための現代統計学	野間口謙太郎他訳
生物学のための計算統計学	野間口眞太郎訳
生物統計学	藤井宏一訳
分子系統学への統計的アプローチ	藤 博幸他訳
Rによるバイオインフォマティクスデータ解析 第2版	樋口千洋著
あなたにも役立つバイオインフォマティクス	菅原秀明編集
基礎と実習 バイオインフォマティクス	郷 通子他編
統計物理化学から学ぶバイオインフォマティクス	高木利久監修
分子生物学のためのバイオインフォマティクス入門	五條堀 孝監訳
バイオインフォマティクスのためのアルゴリズム入門	谷合朗他訳
システム生物学入門 ―生物回路の設計原理―	倉田博之他訳
細胞のシステム生物学	江口至洋著
システム生物学がわかる!	土井 淳他著
分子昆虫学 ―ポストゲノムの昆虫研究―	神村 学他編
DNA鑑定とタイピング	福島弘文他他
新ミトコンドリア学	内海耕慥他他
せめぎ合う遺伝子 ―利己的な遺伝因子の生物学―	藤原晴彦監訳
脳と遺伝子の生物時計	井上慎一著
遺伝子とタンパク質の分子解剖	杉山政則監修
遺伝子とタンパク質のバイオサイエンス	杉山政則編
ポストゲノム情報への招待	金久 實著
ゲノムネットのデータベース利用法 第3版	金久 實編
生命の謎を解く	関口睦夫他編
タンパク質計算科学 ―基礎と創薬への応用―	神谷成敏他著
基礎から学ぶ構造生物学	阿野敬一他編
構造生物学 ―ポストゲノム時代のタンパク質研究―	倉光成紀他編
入門 構造生物学 ―放射光X線と中性子で最先端の生命現象を読み解く―	加藤龍一編集
構造生物学 ―原子構造からみた生命現象の営み―	樋口芳樹他著
植物のシグナル伝達 ―分子と応答―	柿本辰男他編
細胞の物理生物学	笹井理生他訳
細胞工学入門 ―細胞増殖をたばよび負に制御する因子―	小田鈞一郎著
細胞周期フロンティア	佐方功幸他編
脳入門のその前に…	徳野博信著
対話形式による講義 これでわかるニューロンの電気現象	酒井正樹著
神経インパレス物語 ―ガルヴァーニの花火からイオンチャネルの分子構造まで―	酒井正樹他訳
生命工学 ―分子から環境まで―	熊谷 泉他編
ニッチ構築 ―忘れられていた進化過程―	佐倉 統他訳
進化のダイナミクス ―生命の謎を解き明かす方程式―	佐藤一憲他訳
ゲノム進化学入門	斎藤成也著
生き物の進化ゲーム ―進化生態学最前線・生物の不思議を解く― 大改訂版	酒井聡樹他著
進化生態学入門 ―数式で見る生物進化―	山内 淳著
進化論は計算しないとわからない	星野 力著
分子進化 ―解析の技法とその応用―	宮田 隆編
プラナリアの形態分化 ―基礎から遺伝子まで―	手代木 渉他編
菌類の生物学 ―分類・系統・生態・環境・利用―	日本菌学会企画
細菌の栄養科学 ―環境適応の戦略―	石田昭夫他著
基礎と応用 現代微生物学	杉山政則編
生命・食・環境のサイエンス	江坂宗春監修
食と農と資源 ―環境時代のエコ・テクノロジー―	中村好男他編
高山植物学 ―高山環境と植物の総合科学―	増沢武弘編著
ビデオ顕微鏡	寺川 進他訳
よくわかる生物電子顕微鏡技術	臼倉治郎著
新・生細胞蛍光イメージング	原口徳子他編
新・走査電子顕微鏡	日本顕微鏡学会関東支部編